Clemens Alexander Winkler

Lehrbuch der technischen Gasanalyse.
Kurzgefasste Anleitung zur Handhabung gasanalytischer Methoden von bewährter Brauchbarkeit

ISBN/EAN: 9783337793692

Printed in Europe, USA, Canada, Australia, Japan

Cover: Foto ©berggeist007 / pixelio.de

More available books at **www.hansebooks.com**

LEHRBUCH

DER

TECHNISCHEN GASANALYSE.

KURZGEFASSTE ANLEITUNG

ZUR

HANDHABUNG GASANALYTISCHER METHODEN

VON BEWÄHRTER BRAUCHBARKEIT.

AUF GRUND EIGENER ERFAHRUNG BEARBEITET

VON

Dr. CLEMENS WINKLER,

PROFESSOR DER CHEMIE AN DER KÖNIGL. SÄCHS. BERGAKADEMIE ZU FREIBERG,
KÖNIGL. SÄCHS. OBERBERGRATH.

MIT VIELEN IN DEN TEXT EINGEDRUCKTEN HOLZSCHNITTEN.

ZWEITE AUFLAGE.

FREIBERG,
J. G. ENGELHARDT'SCHE BUCHHANDLUNG (M. ISENSEE).
1892.

Vorwort zur ersten Auflage.

Den Gasen, als den unsichtbaren Producten industriellen Schaffens, ist nur zu lange die Berücksichtigung versagt geblieben, auf welche sie, gleich dem greifbaren Stoffe, Anwartschaft haben. Seit wenigen Jahren erst ist in dieser Hinsicht ein Umschwung zum Besseren eingetreten und zwar datirt dieser von dem Zeitpunkte ab, wo die Untersuchung von Gasgemengen sich zu einem selbstständigen Zweige der analytischen Chemie zu entwickeln begann. Freilich bleibt noch immer viel zu wünschen übrig, aber man hat doch wenigstens angefangen, den Weg zu betreten, der verfolgt werden muss, wenn unser Zeitalter nicht später einmal der Vorwurf einer seiner Intelligenz unwürdigen Stoffverwüstung treffen soll. Heutzutage ist jedes grössere Fabriketablissement mehr oder minder mit gasanalytischen Untersuchungsapparaten ausgerüstet; den sprechendsten Beweis aber für die Ausbreitung der technischen Gasanalyse bildet die von Jahr zu Jahr steigende Nachfrage nach jungen, mit ihrer Handhabung vertrauten Chemikern, sowie ihre neuerliche Erhebung zum Lehrgegenstand bei mehreren technischen Hochschulen.

Bei solcher Sachlage muss die Herausgabe eines Lehrbuchs der technischen Gasanalyse als ein gerechtfertigtes Unternehmen erscheinen, ja ich trage mich mit der Hoffnung, dass sich dieselbe in mehr wie einer Hinsicht als fruchtbringend erweisen wird. Im Gegensatz zu der früher von mir herausgegebenen und vor nunmehr fünf Jahren vollendeten „Anleitung zur chemischen Untersuchung der Industrie-Gase", welche den Gegenstand in ungleich umfassenderer Weise und mit besonderer Bezugnahme auf den technischen Grossbetrieb behandelt,

ist das vorliegende Buch bestimmt, in knappen Zügen den Lehrgang vorzuzeichnen, mit dessen Hilfe es möglich wird, sich in
kurzer Zeit die besten und bewährtesten gasanalytischen Methoden anzueignen, ein Lehrgang, den ich bei den praktischen
Uebungen im Laboratorium der hiesigen Königlichen Berg-
academie seit einer Reihe von Jahren mit dem befriedigendsten
Erfolge in Anwendung bringe.

Die bislang angewendeten Methoden zur Bestimmung brennbarer Gase auf dem Wege der Verpuffung oder der Verbrennung
durch electrisch-glühende Drähte habe ich als unzweckmässig,
ja selbst als unzuverlässig erkennen müssen. Bei Anwendung
wässeriger Sperrflüssigkeiten haben Verpuffungen immer etwas
Missliches, abgesehen davon, dass die Nothwendigkeit eines Sauer-
stoff- oder Knallgaszusatzes dieselben nicht praktisch genug erscheinen lässt, und Gleiches gilt von der Anwendung eines zur
Erzeugung hoher Hitzgrade ausreichenden, electrischen Stromes.
Uebrigens wird man, was die Anforderung an Zeitersparniss
anlangt, nie über eine gewisse Grenze hinausgehen können, wenn
das Resultat auch wirklich richtig ausfallen soll, und ganz besonders gilt dies von der Bestimmung des schwer verbrennlichen
Methans.

Bei der gedrängten Fassung des Buches mussten Autoren-
und Quellenangaben unterbleiben. Die Auswahl der Methoden
erfolgte nach dem Grundsatze, nur Selbsterprobtes zu bringen.
Willkommen dürfte ein am Schlusse des Buches angefügtes Ver-
zeichniss bewährter Bezugsquellen für Apparate zu Zwecken der
technischen Gasanalyse und eine den Anhang bildende Reihe von
Tabellen sein, deren letzte, eine höchst zweckmässige Reductions-
tafel, ich der Güte des Herrn Professor Dr. Leo Liebermann
in Budapest zu danken habe.

Freiberg, am 24. September 1884.

Clemens Winkler.

Vorwort zur zweiten Auflage.

Die technische Gasanalyse hat sich in verhältnissmässig kurzer Zeit aus schüchternen Anfängen zu grosser Vollkommenheit entwickelt, offenbar weil ihre wirthschaftliche Bedeutung zur rechten Zeit erkannt und gewürdigt worden ist. Aus gleichem Grunde hat auch das vorliegende Lehrbuch schon bei seinem ersten Erscheinen hier wie im Auslande eine überaus wohlwollende Aufnahme erfahren und solche wird ihm hoffentlich auch nach seiner nunmehr erfolgten Neubearbeitung wieder zu Theil werden.

Bei dieser Bearbeitung bin ich bestrebt gewesen, allen wirklich wichtigen, insbesondere allen erprobten Neuerungen Rechnung zu tragen und so das Buch zu einem möglichst brauchbaren, dem praktischen Bedürfniss entsprechenden zu gestalten. Mehrere Capitel, z. B. dasjenige von der Bestimmung der Gase auf dem Wege der Verbrennung, haben eine wesentliche Erweiterung erfahren und auch die Zahl der erläuternden Holzschnitte ist beträchtlich vermehrt worden. Für die Anfertigung der hierzu erforderlichen Zeichnungen habe ich Herrn Hütteningenieur Emil Ziessler, Assistenten am chemischen Laboratorium der Freiberger Bergakademie, zu danken, wie ich nicht minder der Verlagshandlung für die unter Aufwendung der besten Hilfsmittel erfolgte, treffliche Ausstattung des Buches dankbare Anerkennung schulde.

Freiberg, am 10. November 1891.

Clemens Winkler.

Inhaltsverzeichniss.

Seite

Einleitung. Allgemeines 1

Erster Abschnitt.

Die Wegnahme der Gasproben 5
  1. Saugrohre 5
  2. Saugvorrichtungen 12
  3. Sammel-, Aufbewahrungs- und Transportgefässe für Gasproben. 22

Zweiter Abschnitt.

Das Messen der Gase 25
Allgemeines. Correctionen 25
  1. Directe gasvolumetrische Bestimmung 32
    A. Messung in Gasbüretten (Nitrometer, Ureometer, Gas-
       volumeter) 32
    B. Messung in Gasuhren 43
  2. Titrimetrische Bestimmung 49
    A. Titrimetrische Bestimmung des absorbirbaren Gas-
       bestandtheils unter gleichzeitiger Messung des Ge-
       sammtgasvolumens 49
    B. Titrimetrische Bestimmung des absorbirbaren Gas-
       bestandtheils unter gleichzeitiger Messung des nicht-
       absorbirbaren Gasrestes 50
  3. Gewichtsbestimmung 52
    A. Gewichtsanalytische Bestimmung 52
    B. Bestimmung des specifischen Gewichtes 52
      a. Bestimmung des specifischen Gewichtes eines Gases
         durch Messung seiner Ausströmungsgeschwin-
         digkeit 53
      b. Bestimmung des specifischen Gewichtes eines Gases
         durch directe Wägung desselben unter Anwendung
         der Gaswage. — Densimetrische Methode der
         Gasanalyse 56
  4. Einrichtung und Ausstattung des Arbeitslocals 59

Dritter Abschnitt.

Seite

Apparate und Methoden zur Ausführung gasanalytischer Untersuchungen   63
I. Bestimmung fester und flüssiger Beimengungen   . .   63
II. Bestimmung von Gasen auf dem Wege der Absorption   67
   1. Directe gasvolumetrische Bestimmung   67
    A. Absorptionsmittel für Gase.   67
      a. Absorptionsmittel für Kohlensäure   68
      b. Absorptionsmittel für schwere Kohlenwasserstoffe .   68
      c. Absorptionsmittel für Sauerstoff   70
        1. Phosphor   70
        2. Pyrogallussäure in alkalischer Lösung   73
        3. Kupfer (Kupferoxydul-Ammoniak)   75
        4. Weinsaures Eisenoxydul in alkalischer Lösung .   76
      d. Absorptionsmittel für Kohlenoxyd   77
    B. Bestimmung von Gasen unter Anwendung von Apparaten mit vereinigter Mess- und Absorptionsvorrichtung   79
      a. Cl. Winkler's Gasbürette   79
        1. Bestimmung der Kohlensäure in Gemengen von Luft und Kohlensäuregas oder in Rauch-, Hohofen-, Kalkofen-, Saturationsgasen etc. . . .   82
        2. Bestimmung des Sauerstoffs in der atmosphärischen Luft   82
      b. M. Honigmann's Gasbürette.   82
      Bestimmung der Kohlensäure in Gemengen von Luft und Kohlensäuregas, in Kalkofen-, Saturationsgasen etc.   84
      c. H. Bunte's Gasbürette   84
        1. Bestimmung der Kohlensäure in einem Gemenge von Luft und Kohlensäuregas oder in Rauch-, Hohofen-, Kalkofen-, Generatorgasen etc. . .   87
        2. Bestimmung des Sauerstoffs in der atmosphärischen Luft   87
        3. Bestimmung von Kohlensäure, Sauerstoff und Stickstoff nebeneinander in einem Gemenge von Luft und Kohlensäuregas oder in einem Verbrennungsgase   87
        4. Bestimmung von Kohlensäure, Sauerstoff, Kohlenoxyd und Stickstoff nebeneinander in Hohofen-, Generatorgasen etc.   88
    C. Bestimmung von Gasen unter Anwendung von Apparaten mit gesonderter Mess- und Absorptionsvorrichtung   88
      a. M. H. Orsat's Apparat.   89
      Bestimmung von Kohlensäure, Sauerstoff, Kohlenoxyd und Stickstoff nebeneinander in künstlich

hergestellten Gasmischungen oder in Hohofen-,
Flammofen- und sonstigen Rauchgasen . . . 92

b. Apparat zur Bestimmung der Kohlensäure in relativ
kohlensäurearmen Gasgemengen 92
Bestimmung der Kohlensäure in künstlich dargestellten Gemischen von Luft und Kohlensäuregas, in den Wettern der Stein- und Braunkohlengruben, in Brunnen-, Keller-, Grund-,
Gräber-, Athmungsluft, in kohlensäurearmen
Verbrennungsgasen u. s. w. 93

c. O. Lindemann's Apparat zur Bestimmung des
Sauerstoffs. 93
1. Bestimmung des Sauerstoffs in atmosphärischer
Luft (kohlensäurefreier und kohlensäurehaltiger), in Grund-, Gräber-, Athmungsluft, Luft
aus den Weldon'schen Oxydirern, in Bessemer-,
Bleikammergasen u. a. m. 94
2. Ermittelung des Sauerstoff - Stickstoff-Verhältnisses in nichtabsorbirbaren Gasresten . . . 94

d. Walther Hempel's Apparate 95
1. Die Gasbürette. 95
a. Die einfache Gasbürette 95
b. Die Gasbürette mit Wassermantel 97
c. Die abgeänderte Winkler'sche Gasbürette . 97
2. Die Gaspipette. 98
a. Die einfache Absorptionspipette 98
b. Die einfache Absorptionspipette für feste
und flüssige Reagentien. 99
c. Die zusammengesetzte Absorptionspipette . 100
d. Die zusammengesetzte Absorptionspipette
für feste und flüssige Reagentien . . . 101

Anordnung und Handhabung der W. Hempel'schen Apparate 101
1. Bestimmung der Kohlensäure in einem Gemenge
von Luft und Kohlensäuregas oder in Rauch-,
Hohofen-, Kalkofen-, Generatorgasen etc. . . 104
2. Bestimmung des Sauerstoffs in der atmosphärischen Luft 104
3. Bestimmung von Ammoniak, salpetriger Säure,
Stickoxyd, Stickoxydul, Chlor, Chlorwasserstoff, Schwefelwasserstoff, schwefliger Säure . 104
4. Bestimmung von Kohlensäure, Sauerstoff und
Stickstoff nebeneinander in Rauchgasen, Kalkofengasen u. s. w. 105
5. Bestimmung von Kohlensäure, Sauerstoff, Kohlenoxyd und Stickstoff nebeneinander in Rauch-,
Hohofen-, Generatorgasen u. s. w. 105

Seite

6. Bestimmung von Kohlensäure, Aethylen (Propylen, Butylen), Benzol, Sauerstoff und Kohlenoxyd nebeneinander im Leuchtgase, Generatorgase u. s. w..   105

2. Titrimetrische Bestimmung   106

A. Titrimetrische Bestimmung des absorbirbaren Gasbestandtheils unter gleichzeitiger Messung des Gesammtgasvolumens   106
   W. Hesse's Apparat   106

1. Bestimmung der Kohlensäure in der atmosphärischen
   Luft, in Athmungs-, Zimmer-, Gruben-, Keller-,
   Mauer-, Grund-, Gräberluft, im Leuchtgase u. s. w.   108

2. Bestimmung von Chlorwasserstoff in den Gasen der
   Sulfatöfen, der Salzsäurecondensatoren, der Röst-
   öfen für chlorirende Röstung u. a. m.   110

3. Bestimmung des Chlors in den Gasen der Chlorent-
   wickeler, der Deacon'schen Zersetzer u. s. w. .   110

4. Bestimmung der schwefligen Säure in Röst- und
   Rauchgasen, in den Gasen der Ultramarin-, Glasfabriken u. a. m.   110

5. Bestimmung des Schwefelwasserstoffs im Leuchtgas,
   Generatorgas u. a. m.   110

B. Titrimetrische Bestimmung des absorbirbaren Gasbestandtheils unter gleichzeitiger Messung des nichtabsorbirbaren Gasrestes   111
   a. F. Reich's Apparat   111
   1. Bestimmung der schwefligen Säure in Röstgasen   113
   2. Bestimmung der Gesammtsäure in Röstgasen .   114
   3. Bestimmung der salpetrigen Säure in den Gasen
      der Bleikammern, des Gay-Lussac-Thurmes
      u. a. m.   116

   b. G. Lunge's Apparat   116
   1. Bestimmung der Kohlensäure in der atmosphäri-
      schen Luft, in Athmungs-, Zimmer-, Gruben-,
      Keller-, Mauer-, Grund-, Gräberluft u. s. w.   119
   2. Bestimmung des Chlorwasserstoffs in der Luft
      der Salzsäurefabriken, in den Canal- und
      Schornsteingasen der Sulfatöfen, in Gasen
      von der chlorirenden Röstung u. a. m. . . .   120
   3. Bestimmung der schwefligen Säure in dünnen
      Röstgasen, in Rauchgasen, im Hüttenrauch u. s. w.   120

   c. Apparat zur Bestimmung einzelner in minimaler
      Menge auftretender Bestandtheile   120
   1. Bestimmung des Ammoniaks im rohen und gerei-
      nigten Leuchtgase, in den Gasen der Kokereien,
      Ammoniaksodafabriken u. s. w.   124

Seite

2. Bestimmung der salpetrigen Säure in Bleikammergasen u. s. w. 125
3. Bestimmung des Stickoxyds in Bleikammergasen u. a. m. 126
4. Bestimmung des Chlors. 127
5. Bestimmung des Chlorwasserstoffs in Gasen von der
chlorirenden Röstung, in Rauchgasen, Canal-
und Schornsteingasen der Sulfatöfen u. a. m. 127
6. Bestimmung der schwefligen Säure im Hüttenrauch, in dünnen Röstgasen, in Rauchgasen,
in den Gasen der Ultramarinfabriken, der
Glasfabriken, Ziegeleien u. a. m. 127

3. Gewichtsbestimmung 128
Bestimmung von Schwefelwasserstoff, Schwefelkohlenstoff und Acetylen im Leuchtgase 128

III. Bestimmung von Gasen auf dem Wege der Verbrennung 131
1. Allgemeines über die Verbrennung der Gase. . 131
2. Verbrennungsmethoden. 134
A. Verbrennung durch Explosion 134
1. Bestimmung des Wasserstoffs bei Abwesenheit anderer
Gase 139
2. Bestimmung des Wasserstoffs bei Gegenwart anderer
Gase, aber Abwesenheit von Methan, z. B. im
nichtcarburirten Wassergas 140
3. Bestimmung von Wasserstoff und Methan nebeneinander, z. B. im Leuchtgas (Steinkohlengas,
Cannelgas, Oelgas, Mischgas etc.), Generatorgas
u. dergl. 141
4. Bestimmung des Methans bei Abwesenheit von
Wasserstoff, z. B. in schlagenden Wettern . . 144
B. Verbrennung unter Vermittelung von schwacherhitztem
Palladium 144
1. Bestimmung des Wasserstoffs bei Abwesenheit
anderer Gase 148
2. Bestimmung des Wasserstoffs bei Gegenwart anderer
Gase, z. B. im Wassergas, Heizgas, Leuchtgas
(Steinkohlengas, Cannelgas, Oelgas, Mischgas etc.)
Generatorgas u. a. m. 149
3. Bestimmung des Sauerstoffs in der atmosphärischen
Luft 150
4. Bestimmung des Kohlenoxyds in Rauchgasen, Hoh-
ofengasen, Brandwettern u. a. m. 151
C. Verbrennung unter Vermittelung von glühendem Platin 152
a. J. Coquillion's Grisoumeter 152
Bestimmung des Methans in den schlagenden
Wettern der Steinkohlenbergwerke 154

Seite

b. Cl. Winkler's Apparat zur Methanbestimmung . 154
   Bestimmung des Methans im natürlichen Brenn-
      gas (Naturgas) der Erdöldistricte, im Bläser-
      gas der Steinkohlengruben, im Sumpfgas, im
      Leuchtgas (Steinkohlengas, Cannelgas, Oelgas,
      Mischgas etc.) im Generatorgas u. a. m. . . 156
c. Cl. Winkler's Apparat zur Untersuchung methanhaltiger Grubenwetter. 159
   Bestimmung des Methans in den Wetterströmen
      der Steinkohlenbergwerke und in anderen
      relativ methanarmen, nicht entflammbaren
      Gasgemischen 161
d. H. Drehschmidt's Platincapillare 163
   1. Bestimmung des Methans im natürlichen Brenn-
      gas (Naturgas) der Erdöldistricte, im Bläser-
      gas der Steinkohlenbergwerke, im Sumpfgas,
      im Leuchtgas (Steinkohlengas, Cannelgas, Oel-
      gas, Mischgas etc.) im Generatorgas u. a. m. 166
   2. Bestimmung des Stickoxyduls durch Verbrennung
      mit Wasserstoff 168
D. Verbrennung unter Vermittelung von erhitztem Kupferoxyd 169
   Bestimmung des Methans in den ausziehenden
      Wetterströmen (Ausziehströmen) der Stein-
      kohlenbergwerke und in anderen methanarmen
      Grubenwettern oder sonstigen Gasgemischen;
      Bestimmung sämmtlicher flüchtiger, zu Kohlen-
      säure verbrennbarer Kohlenstoffverbindungen,
      wie sie sich in Gestalt von Kohlenoxyd, Kohlen-
      wasserstoffen, Leuchtgas, brenzlichen Produc-
      ten, Benzindampf, Schwefelkohlenstoffdampf,
      Kohlenoxysulfid u. a. m. in untergeordneter
      Menge der Luft von Wohn- und Fabrikräumen,
      Heizungs-, Trocken-, Darr-, Extractionsanlagen
      u. dgl. beigesellen können 174

Anhang.

1. Atomgewichte der Elemente 179
2. Volumengewichte und Litergewichte der Gase 180
3. Löslichkeit von Gasen im Wasser 181
4. Titerflüssigkeiten für die technische Gasanalyse 182
5. Volumenveränderung bei der Verbrennung von Gasen im Sauerstoff 183
6. Verbrennungswärme fester, flüssiger und gasförmiger Stoffe . . . 184
7. Tabelle zur Reduction der Gasvolumina auf den Normalzustand . 186

Register   195

Einleitung.

Allgemeines.

Die chemische Untersuchung von Gasgemengen zum Zwecke der quantitativen Bestimmung ihrer Bestandtheile erfolgt des allgemeinen physikalischen Verhaltens der Gase halber in der Regel nicht durch Wägung, sondern durch Messung. Die Gasanalyse ist eine volumetrische Analyse und wird deshalb auch Gasometrie, gasometrische oder gasvolumetrische Analyse genannt.

Dementsprechend pflegt man das Ergebniss einer Gasuntersuchung nicht in Gewichtsprocenten, sondern in Volumenprocenten auszudrücken. War ausnahmsweise der eine oder der andere Gasbestandtheil durch Wägung bestimmt worden, so berechnet man hinterher aus dem gefundenen Gewichte das demselben entsprechende Volumen. Das zwischen beiden Grössen obwaltende Verhältniss ergiebt sich aus dem Litergewichte des zur Bestimmung gelangten Gases.

Da das Volumen eines Gases durch Feuchtigkeitsgehalt, Druck und Temperatur wesentlich beeinflusst wird, so misst man es in mit Wasserdampf gesättigtem Zustande und unter den jeweilig in der Atmosphäre herrschenden Druck- und Temperaturverhältnissen, jedoch unter gleichzeitiger Beobachtung des Barometer- und des Thermometerstandes. Das auf solche Weise ermittelte Volumen (uncorrigirtes Volumen) unterliegt hinterher der Reduction auf den Normalzustand, d. h. durch Rechnung ermittelt man aus ihm dasjenige Volumen, welches das Gas in völlig trockenem Zustande, beim Normal-Barometerstande von 760 mm und der Normal-Temperatur von 0° haben würde (corrigirtes oder reducirtes Volumen). Bei rasch verlaufenden oder keine besondere Genauigkeit erfordernden Messungen kann diese Correction unterbleiben.

Das analytische Verfahren, welches man bei der Untersuchung eines Gases einschlägt, besteht im Allgemeinen darin, dass man einen Gasbestandtheil nach dem anderen in eine Verbindung von anderem Aggregatzustand überführt. Die hierbei eintretende Volumenabnahme ergiebt dann direct oder indirect das Volumen des gesuchten Gasbestandtheils. Es lässt sich dies erreichen:

1) Durch directe Absorption. So werden z. B. Kohlensäure von Kalilauge, Sauerstoff von feuchtem Phosphor, Kohlenoxyd von Kupferchlorür aufgenommen, also in tropfbarflüssige Lösung übergeführt, was eine Verminderung des angewendeten Gasvolumens um ihren Betrag zur Folge hat.

2) Durch Verbrennung. Wasserstoff verbrennt mit Sauerstoff zu liquidem Wasser. Hierbei vereinigen sich je 2 Vol. Wasserstoff mit 1 Vol. Sauerstoff, beide Gase gelangen zum Verschwinden und es tritt eine Contraction im Betrage von 3 Vol. ein. Durch Multiplication der beobachteten Volumenverminderung mit $\frac{2}{3}$ erhält man mithin das Volumen des vorhanden gewesenen Wasserstoffs.

3) Durch Verbrennung und darauf folgende Absorption des Verbrennungsproductes. Manche Gase sind zwar nicht direct absorbirbar, gehen auch bei der Verbrennung nicht in durchweg sich freiwillig condensirende Verbindungen über, liefern aber absorbirbare Verbrennungsproducte. So verbrennt z. B. Methan zu flüssigem Wasser und gasförmiger, durch Kalilauge absorbirbarer Kohlensäure. 1 Vol. Methan und 2 Vol. Sauerstoff (zusammen 3 Vol.) liefern dabei als gasförmig auftretendes Product 1 Vol. Kohlensäure. Die stattfindende Contraction beträgt demnach $3 - 1 = 2$ Vol. Es erhellt hieraus, dass sich das Volumen des im Gase enthalten gewesenen Methans auf dreierlei Weise finden lässt:

    a. durch Division der die Verbrennung begleitenden Contraction durch 2;

    b. durch Absorption der bei der Verbrennung entstandenen Kohlensäure, deren Volumen demjenigen des Methans gleich ist;

    c. durch Division der sich nach erfolgter Verbrennung und Kohlensäureabsorption ergebenden Volumenverminderung durch 3.

Gasbestandtheile, welche ihren Gaszustand nicht aufgeben, sich also weder durch Absorption, noch durch Verbrennung, noch durch Verbrennung und Absorption entfernen lassen, werden direct in Gasgestalt gemessen, bilden also den bei Beendigung der gasanalytischen Operation verbleibenden Rest. Als solcher tritt jedoch nur ein Gas, der Stickstoff, auf.

Die technische Gasanalyse muss es sich in erster Linie zur Aufgabe machen, mit thunlichst einfachen Hilfsmitteln und möglichst geringem Zeitaufwand zu Resultaten zu gelangen, welche, ohne Anspruch auf höchste Genauigkeit zu erheben, dem practischen Bedürfniss genügen. Während wissenschaftliche Untersuchungen nicht an Zeit und Stunde gebunden sind, gilt es, wenn es sich um die Controle eines Betriebes handelt, schnell, womöglich sofort, ein Bild von dessen jeweiligem Stande zu gewinnen, selbst wenn dieses Bild auch nur ein ohngefähres sein sollte. Untersuchungsresultate, welche erst nach Tagen oder Wochen in die Hände des Betriebsleiters gelangen, sind für denselben in den meisten Fällen fast werthlos, und käme ihnen auch die höchste Genauigkeit zu. Es ist dies wohl zu berücksichtigen, wenn es sich um die Ausarbeitung gasanalytischer Methoden handelt, und erfreulicherweise haben die Fortschritte der letzten Jahre gezeigt, wie, trotz Vereinfachung des Untersuchungsverfahrens, die Genauigkeit der gasanalytischen Ergebnisse stetig zugenommen hat.

Zum Messen der Gase dienen Messgefässe von geeigneter Construction, die nach dem metrischen System geaicht und getheilt sind und innerhalb deren dieselben zur Absperrung gebracht werden. Als Sperrflüssigkeit soll in der Regel nur reines Wasser verwendet werden. Quecksilber ist nach Möglichkeit, Salzlösungen, Glycerin und Oele, die nicht den mindesten Vortheil, wohl aber viele Unbequemlichkeiten mit sich bringen, sind gänzlich zu vermeiden. Hat man es mit Gasen zu thun, die reichlich vom Wasser aufgenommen werden, so bewirkt man ihre Absperrung und Messung entweder unter Vermeidung aller Sperrflüssigkeit nur zwischen Glashähnen, oder man entfernt und bestimmt den löslichen Gasbestandtheil zunächst durch Absorption unter Anwendung eines chemisch wirksamen Lösungsmittels von bekanntem Wirkungswerthe und unterwirft dann erst den nichtabsorbirbaren Gasrest der gasvolumetrischen Analyse. In solchem Falle erfolgt also die Bestimmung des absorbirbaren Gasbestandtheils auf titrimetrischem Wege. Zu Umgehung aufhältlicher

1*

Rechnungen empfiehlt es sich, den Wirkungswerth der Titerflüssigkeit in Beziehung zum Volumengewichte des absorbirbaren Gases zu bringen, derart, dass die Titerflüssigkeit dann
als normal zu betrachten ist, wenn ein Volumen derselben
gerade einem Volumen des corrigirt gedachten Gases entspricht.

Die gewichtsanalytische Bestimmung von Gasen endlich pflegt nicht selten dann einzutreten, wenn es sich darum
handelt, den Gehalt eines Gasgemenges an in untergeordneter
Menge darin vorhandenen Bestandtheilen festzustellen. Sie setzt
voraus, dass das zu bestimmende Gas sich in eine wägbare
Verbindung von constanter Zusammensetzung überführen lasse.

Die Bestimmung eines Gasvolumens kann demgemäss erfolgen:

     a. durch directe Messung,
     b. durch Titrirung,
     c. durch Wägung.

Die Gasabsorption wird entweder innerhalb der Messapparate oder besser ausserhalb derselben in besonderen Absorptionsgefässen vorgenommen. Gasverbrennungen erfolgen
zumeist ausserhalb der Messgefässe. Die Verbrennung auf dem
Wege der Verpuffung, gleichviel ob mit oder ohne Zusatz von
Knallgas, ist nach Möglichkeit zu vermeiden. Während der
gasanalytischen Operation hat man darauf zu achten, dass Druck
und Temperaturverhältnisse keine wesentliche Aenderung erfahren
und namentlich sollen Arbeitsraum, Sperr- und Absorptionsflüssigkeiten gleiche Temperatur aufweisen, wie auch Luftzug,
strahlende Wärme und andere das Volumen des Gases verändernde
äussere Einflüsse selbstverständlich von den Untersuchungsapparaten ferngehalten werden müssen.

Erster Abschnitt.

Die Wegnahme der Gasproben.

Die Entnahme einer Gasprobe wird je nach Umständen in verschiedenartiger Weise stattfinden können, erfolgt aber in der Regel durch Absaugen des Gases unter Anwendung eines Aspirators. Bevor die Gasprobe zur Auffangung gelangt, ist für vollkommene Entfernung der Luft aus den Leitungsröhren und sonstigen Zwischenapparaten Sorge zu tragen, und diese lässt sich erreichen, indem man dem Leitungsrohr dicht vor seiner Ausmündung in das Sammelgefäss eine T-Abzweigung giebt, deren seitlicher Arm mit einer kleinen Saugpumpe aus Kautschuk in Verbindung steht. Mit Hilfe dieser Saugpumpe gelingt es leicht, die zwischen Entnahmestelle und Sammelgefäss befindliche Luft zu entfernen und die Leitung mit dem zu untersuchenden Gase zu füllen, so dass mit dem Beginn der Probenahme einzig dieses in das Sammelgefäss überzutreten vermag. Steht das zu untersuchende Gas unter Druck, vermag es also freiwillig auszuströmen, so wird selbstverständlich die Anwendung einer Saugpumpe entbehrlich.

1. Saugrohre.

Um irgend einem Raum, z. B. einem Ofen, einem Canal, einem Schornstein u. s. f., eine Gasprobe zu entnehmen, führt man in denselben an geeigneter Stelle ein an beiden Seiten offenes Rohr, ein Saugrohr, ein und verbindet das nach aussen gekehrte Ende desselben durch einen Kautschukschlauch mit der Auffangevorrichtung. Dem Saugrohr mehrere Abzweigungen

oder, wie in Fig. 1, einen Schlitz zu geben, in der Absicht, auf
solche Weise mit grösserer Sicherheit eine Durchschnittsprobe zu erlangen, hat wenig Nutzen. Denn wenn man auch
dem leichteintretenden Verstopfen des Schlitzes durch Russ,
Flugstaub etc., durch Anbringung eines verschiebbaren Aus-
putzers vorbeugen kann, so liefert gedachte Vorrichtung doch
schon um deshalb keine ganz zuverlässige Durchschnittsprobe,
weil die Geschwindigkeit des einen Canal passirenden Gasstroms
nicht allenthalben dieselbe ist und sich namentlich in der Nähe
der Wandungen in Folge der eintretenden Reibung beträchtlich
vermindert. Ausserdem aber erfolgt das Ansaugen des Gases an
dem dem Aspirator zunächst liegenden Schlitzende mit grösserer
Lebhaftigkeit als an dem weiter entfernten. Bis jetzt existirt kein
Verfahren, einem in Bewegung befindlichen Gasstrom eine Probe

Fig. 1.

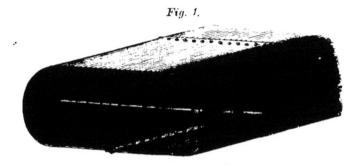

zu entnehmen, von der man sagen könnte, dass sie den absolut
richtigen Durchschnitt der ganzen Gasmasse darstelle, wohl aber
kann man der Wahrheit sehr nahe kommen, wenn man von der
Entnahmestelle einen starken Hauptstrom ableitet und von diesem
mit Hilfe eines eingeschalteten T-Rohres einen schwachen Nebenstrom abzweigt, welcher letztere dann die Durchschnittsprobe bildet.

Das Material, aus welchem das Saugrohr besteht, ist so zu
wählen, dass es dem herrschenden Temperaturgrad widersteht und
keine chemische Einwirkung auf das abzusaugende Gas äussert.

Wo es irgend möglich ist, wendet man Saugrohre aus
Glas an, weil diese sich leicht herrichten, einsetzen und reinigen lassen und weil sie ferner keinen Angriff erleiden, sowie
umgekehrt die Beschaffenheit des Gasgemisches nicht verändern.
Gestattet es die Temperatur, so setzt man das Glasrohr einfach
mit Hilfe eines durchbohrten Korkes oder Kautschukpfropfens
ein, so z. B. bei der Entnahme von Röst- oder Bleikammer-

gasen (Fig. 2). In der Regel braucht in solchem Falle das Blei-
blech einfach angebohrt zu werden, doch kann man zu besserer
Haltbarkeit und dichterem Schlusse auch eine flaschenhalsartige
Tubulatur auflöthen.

Das blosse Einbohren eines Loches genügt auch, wenn in
dem Mauerwerke eines Schornsteins oder Abzugcanals eine Oeffnung zur Aufnahme des mit Kork versehenen Glasrohres geschafft

Fig. 2.

werden soll. Besser aber und namentlich bei häufig wieder-
kehrender Wegnahme von Gasproben empfehlenswerth ist es, in
die eingebohrte Oeffnung ein gekröpftes Porzellanrohr zu schieben,
es mit Thon und Chamotte ein- für allemal darin festzukitten
und dann erst in dessen Kropf das Glasrohr mit seinem Korke
dicht einzusetzen (Fig. 3).

Saugrohre aus Porzellan wendet man an, wenn die
Temperatur des Raumes, dem man die Gasprobe entnehmen will,
so hoch ist, dass Glas erweichen würde. Man wählt dann das

Porzellanrohr ziemlich lang, so dass es beträchtlich über die Aussenwand des Gemäuers hinausragt, und kann erforderlichenfalls den hervorragenden Theil mit engmaschigem Drahtgewebe füllen, wodurch zumeist eine hinlängliche Abkühlung des durchpassirenden Gases erreicht wird. Ist endlich das Gas mit Russ oder Flugstaub beladen, so giebt man dem herausragenden Rohrtheil eine Füllung von Amianth oder Glaswolle, welche die fortgeführten festen Partikel zurückhält (Fig. 4). Porzellanrohre müssen gut vorgewärmt werden, wenn sie nicht springen sollen; unglasirte Thonrohre, die man zuweilen an ihrer Stelle verwendet, zeigen sich zwar minder empfindlich gegen Temperaturwechsel, sind aber nicht gasdicht und deshalb nicht empfehlenswerth.

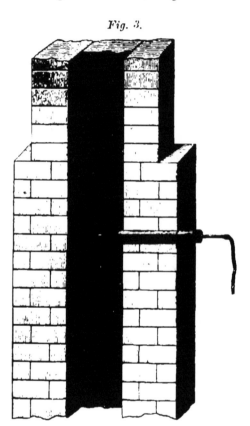

Fig. 3.

Saugrohre aus Metall (Eisen, Messing, Kupfer, Silber, Platin) sind durch Unzerbrechlichkeit ausgezeichnet und lassen sich überall da anwenden, wo die Temperatur nicht so hoch steigt, dass Schmelzung des Metalls, Durchlässigkeit oder chemische Einwirkung desselben gegenüber dem Gase zu befürchten stehen. Unangenehm bemerkbar macht sich aber das grosse Wärmeleitungsvermögen metallener Rohre; Korke können darin Verkohlung erleiden, angesteckte Kautschukschläuche pflegen festzukleben, zu erweichen, ja zu schmelzen. Trotzdem ist man in vielen Fällen auf die Anwendung metallener Saugrohre angewiesen und deshalb kann es zur Vermeidung der ge-

dachten Uebelstände nöthig werden, dieselben mit **Wasserkühlung** zu versehen. Damit die Kühlung sich auf die gesammte Rohrlänge erstrecke, giebt man dem Rohre folgende
Einrichtung:

Fig. 4.

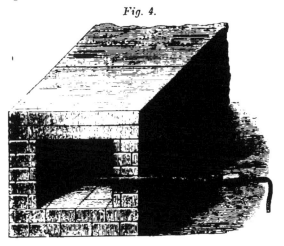

Drei verschieden weite Röhren aus Kupferblech von $1-2^{mm}$
Stärke sind in der durch Fig. 5 veranschaulichten Weise com-
binirt. Das innerste Rohr a ist 5^{mm} weit und bildet das eigentliche Saugrohr; um dieses legt sich ein zweites 12^{mm} weites

Fig. 5.

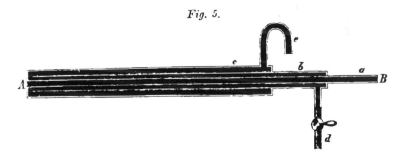

Rohr b, welches an einem Ende dicht verlöthet ist, während das
nach A hin gelegene Ende offen bleibt. Dieses Rohr hat einen
seitlichen, mit Hahn versehenen Rohransatz d, welcher bestimmt
ist, das Kühlwasser zuzuführen. Den äusseren Mantel bildet das
20^{mm} weite Rohr c, welches am Ende A mit der Röhre a, an

dem nach *B* hin gelegenen Ende dagegen mit dem Rohre *b* verlöthet ist. Auch *c* hat einen Röhrenansatz *e*, welcher bestimmt
ist, das Kühlwasser, nachdem es sich auf seinem Wege durch
die Röhren *b* und *c* erhitzt hat, wieder abzuführen. Die Länge
des Rohres *AB* kann man verschieden wählen; in den meisten
Fällen werden 0,6 bis 0,7^m genügen. Zu- und Abfluss müssen
so weit gewählt werden, dass ein rascher Wasserdurchgang stattfinden und keinesfalls Dampfbildung eintreten kann.

Will man mit Hilfe dieser Röhrencombination ein Gasgemisch
aus einem heissen Ofenraum absaugen, so bohrt man zunächst
die Ofenwand an einer geeigneten Stelle an, so dass eine etwa
3^{cm} weite Oeffnung entsteht. Darauf setzt man das Hahnrohr *d*
durch einen Kautschukschlauch mit der Wasserleitung in Verbindung, öffnet den Hahn und schiebt, sobald bei *e* das Wasser
auszufliessen beginnt, das Rohr durch die Oeffnung in den Ofenraum ein. Die Fuge lutirt man gleichzeitig mit einem nassen

Fig. 6.

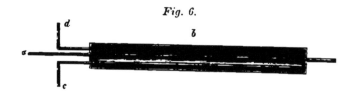

Gemisch von Chamotte und Thon. Nun kann man das Rohrende *a* mit dem Sammelgefäss für das Gas und dem Aspirator
in Verbindung setzen, um die Gasprobe abzusaugen. Natürlich
hat man für stetigen und reichlichen Wasserdurchfluss Sorge zu
tragen und darf diesen erst unterbrechen, nachdem das Rohr
wieder aus dem Ofen entfernt worden ist.

Eine ähnliche aber vereinfachte Röhrencombination hat
H. Drehschmidt[1] empfohlen (Fig. 6). Das 4—5 ^{mm} weite
Saugrohr *a* ist mit dem beiderseitig geschlossenen Mantelrohre *b*
umgeben, in welches durch das Zuflussrohr *c* kaltes Wasser eingeführt wird, welches in gleichem Maasse durch *d* abfliesst und
so die Kühlung des Saugrohrs bewirkt. Sämmtliche Theile sind
aus Kupfer gearbeitet und hart gelöthet.

Sehr heisse Gase sind immer langsam und unter gleichzeitiger sorglicher Abkühlung abzusaugen, weil ihre Bestandtheile

---

[1] H. Drehschmidt, J. Post, Chem.-techn. Analyse, 2. Aufl. Bd. 1,
S. 98.

sich im Zustande der Dissociation befinden können. Durch die Untersuchung derartiger, bei gewaltsamer Abkühlung theilweise dissociirt bleibender Gasgemenge würde man möglicherweise zu sehr irrigen Schlüssen verleitet werden und namentlich hätte man die dann leicht eintretende Coexistenz von Sauerstoff und Kohlenoxyd zu gewärtigen.

Die Abkühlung ist auch in anderer Weise, durch unmittelbare Berührung des Gases mit Wasser, herbeizuführen versucht worden. Das hierbei verwendete Kupferrohr (Fig. 7) hat 6—8^{mm} Weite und ist U-förmig gebogen. Der Theil EC, welcher in das heisse Gasgemisch eingeführt wird, trägt eine Anzahl enger Sägenschnitte 0, 0', 0'', 0''', welche zum Ansaugen des Gases dienen. mn ist eine Kupferscheibe, mittelst welcher die Röhre an der Aussenwand des durchbrochenen Ofengemäuers befestigt wird.

Um den Apparat in Gang zu setzen, öffnet man den Hahn A und lässt Wasser zutreten, welches durch die gebogene Röhre ACB hindurch und mit Hilfe eines Kautschukschlauches nach einem mit Wasser gefüllten Gasbehälter abfliesst, woselbst Wasser und mitgerissenes Gas sich separiren. Anfangs spritzt etwas Wasser durch die Sägenschnitte aus, doch bald verrichtet das Rohr CDB die Dienste eines Hebers, und wenn der Hahn A richtig gestellt ist, so wird durch die Sägenschnitte Gas angesogen, welches sich nun im Gasbehälter sammelt.

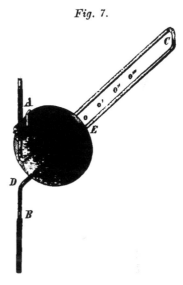

Fig. 7.

Da bei dieser Art des Absaugens das Gas in innige Berührung mit einer grossen Wassermenge kommt, so kann es nicht ausbleiben, dass gewisse Gasbestandtheile, z. B. Kohlensäure, in beträchtlichem Maasse absorbirt werden. Deshalb kann diese Art der Probenahme nur beschränkte Anwendung finden, vermag aber z. B. in solchen Fällen gute Dienste zu leisten, wo es sich nur um die Feststellung des Mengenverhältnisses zwischen solchen Gasbestandtheilen handelt, welche, wie Sauerstoff und Stickstoff, nur geringe Löslichkeit in Wasser besitzen.

2. Saugvorrichtungen.

Während im letzterwähnten Falle das Ableitungsrohr gleichzeitig den Aspirator bildet, bedient man sich in der Regel bei
der Entnahme von Gasproben einer gesonderten Saugvorrichtung.
Als solche können u. A. die einfach construirten **Saug- und
Druckpumpen aus Kautschuk** dienen, wie man sie von verschiedener Grösse im Handel findet (Fig. 8). Dieselben bestehen
aus einem starkwandigen Behälter A mit beiderseitigen cylindrischen Ansätzen, in welche gedrehte und durchbohrte Holz-
spunde eingesetzt sind, die innerlich Ventile einfachster Art
(Lederplättchen mit Pappeverstärkung) tragen. An diese Spund-
verschlüsse sind Kautschukschläuche angesetzt, denen man zu
besserer Unterscheidung verschiedene Länge zu geben pflegt;
das kürzere, etwa 20 cm lange Schlauchstück a bildet das Saugrohr, das längere von 40 cm, b, das Blas- oder Druckrohr. Beim

Fig. 8.

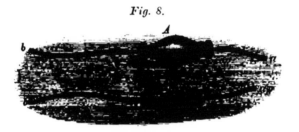

Zusammendrücken des Behälters A mit der Hand oder dem
Fusse entleert sich sein Gasinhalt durch b, beim Aufheben des
Druckes nimmt das elastische Gefäss die frühere Gestalt wieder
an und füllt sich dabei durch a mit einem neuen Quantum
Gas. Durch fortgesetzten Wechsel in diesen Manipulationen
lassen sich in Kürze bedeutende Mengen Gas ansaugen und
weiterdrücken, in der Minute 12 bis 18 l, und die Ventile
schliessen dicht genug, um einen Druck von mehreren Metern
Wassersäule zu überwinden. Diese Vorrichtung ist höchst bequem, wenn es gilt, eine leere Flasche, eine Röhre oder irgend-
welches Gefäss mit dem zu untersuchenden Gase vollzupumpen.
Man kann dann ganz ohne Sperrflüssigkeit arbeiten, muss aber
das fragliche Gas reichlich zur Verfügung haben, denn es lässt
sich annehmen, dass die Verdrängung der vorhandenen Luft erst
dann ihr Ende erreicht, wenn mindestens das Fünffache ihres
Volumens an Gas das Gefäss passirt hat.

Wo gespannter Wasserdampf zur Verfügung steht, kann man sich zum continuirlichen oder doch lange fortgesetzten Absaugen von Gasen eines **Dampfstrahl-Aspirators** bedienen (Fig. 9). Ein ca. 3 cm weites starkwandiges Glasrohr, oder statt dessen auch ein Metallrohr, von 20 bis 25 cm Länge, ist vorn zu einer Oeffnung von 6 mm Weite verjüngt; in seiner Längsachse sitzt ein engeres Dampfzuleitungsrohr derart, dass dessen auf 2 mm lichte Weite verjüngte Spitze etwa 12 mm hinter die Oeffnung des äusseren Rohres zurücksteht. In der Nähe der Ausströmungsöffnung ist das Dampfrohr durch eine übergeschobene Tülle *a* aus Holz oder Metall centrirt, am anderen Ende sitzt es fest in dem Korke *b*, dessen zweite Durchbohrung das Rohr *e* trägt, durch welches die Ansaugung des zu aspirirenden Gases erfolgt. Um diesem Korkverschluss grössere Dauerhaftigkeit zu geben, verkleidet man ihn mit einer Kittschicht *c* und bewirkt hierauf den Abschluss durch eine über das äussere Rohr ge-

Fig. 9.

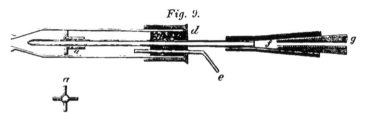

schobene Hülse aus Messingblech *d*. Der Anschluss des Aspirators an die Dampfleitung *g* muss durch ein Stück Gummischlauch mit Leinwandeinlage *f* erfolgen, weil gewöhnlicher Kautschukschlauch dem Dampfdruck nicht widersteht.

Ausser diesen „trockenen" Aspiratoren existiren in grosser Anzahl solche mit Wasserabsperrung.

Nicht selten macht sich die continuirliche, lange andauernde Absaugung eines Gases nöthig, sei es, um dessen Volumen im Gaszähler zu messen, oder ihm eine verjüngte Probe zu entnehmen, oder einen in minimaler Menge vorhandenen Gasbestandtheil zur Absorption zu bringen. In solchem Falle bedient man sich gewöhnlich jener Saugvorrichtungen, bei denen das Gas durch einen fliessenden Wasserstrahl mit fortgerissen wird und deren Wirksamkeit eine so bedeutende sein kann, dass sie im Stande ist, den Druck der Atmosphäre zu überwinden. Von diesen in grosser Zahl construirten Apparaten mögen nachstehend nur einige der bewährtesten Erwähnung finden:

Die Bunsen'sche Wasserluftpumpe (Fig. 10) besteht im Wesentlichen aus dem cylindrischen Glasgefässe A, in dessen obere Verjüngung ein engeres Glasrohr eingeschmolzen ist, welches einerseits mit dem Glasgefässe B communicirt, andererseits sich beinahe bis in die untere Verjüngung von A erstreckt, woselbst es in eine feine Oeffnung endet. An

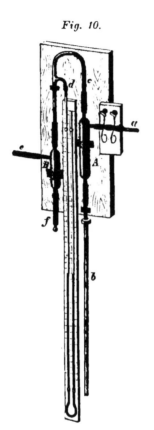

Fig. 10.

diese untere Verjüngung ist ein 8^{mm} weites, 10 bis 12^m langes Bleirohr b vertical angesetzt, dessen unteres Ausgangsende man aufbiegt, so dass es einen Wasserverschluss zu bilden vermag. Der seitliche Rohransatz a steht mit einem Wasserbehälter oder der Wasserleitung in Verbindung, der Wasserzufluss, welcher nicht unter Druck zu erfolgen braucht, lässt sich durch einen starken Schraubenquetschhahn völlig absperren, durch einen zweiten ein- für allemal reguliren. Lässt man nun durch a Wasser einfliessen, so füllt sich das Bleirohr b mit einer das Gewicht der Atmosphäre balancirenden Wassersäule und der nachfliessende Wasserstrom reisst durch c Luft mit sich, um sie erst am unteren Austrittsende des Bleirohres wieder freizugeben. Bleibt c geöffnet, so findet ein fortgesetztes, starkes Ansaugen von Luft statt, so lange der Wasserzufluss nicht unterbrochen wird; schliesst man dagegen c oder einen damit communicirenden Raum ab, so erfolgt Luftleere, entsprechend der Toricelli'schen Leere des so gebildeten Wasserbarometers. Die Einschaltung des Gefässes B ist für den Zweck der Aspiration unwesentlich; es soll namentlich zur Condensation etwa mitgerissener Flüssigkeit dienen, die man zeitweilig durch f ablassen kann. Das Rohr d vermittelt die Verbindung mit einem Quecksilbermanometer, welches das Fortschreiten der Evacuation angiebt, e ist die Fortsetzung des Saugrohres c und wird mit dem Raume verbunden, den man auspumpen, oder aus dem man eine Gasprobe absaugen will.

Die Bunsen'sche Wasserluftpumpe erfordert keinen Wasserdruck, aber die erwähnte beträchtliche Fallhöhe, welche indessen, sofern es sich nicht um vollständige Evacuirung, sondern um blosse Gasabsaugung handelt, bis auf 1ᵐ und darunter verkürzt werden kann. Das lange Bleirohr b kann dann ganz weggelassen und durch ein Stück Gummischlauch mit aufgebogenem Glasrohrende ersetzt werden.

Die Wasserstrahlpumpen, wie sie von Arzberger und Zulkowsky, H. Fischer, Gebr. Körting, Th. Schorer u. A. construirt worden sind, besitzen ausgezeichnetste Wirksamkeit und beanspruchen keine Fallhöhe für das daraus abfliessende Wasser, dagegen muss das Wasser unter einem Druck von 5 bis 10ᵐ Wassersäule in dieselben eintreten. Die vielfach variirte Construction ist aus Fig. 11 ersichtlich. Das Wasser tritt bei A ein, strömt durch die 1ᵐᵐ weite Düse a, reisst die durch B zutretende Luft mit sich fort, passirt die Enge bei b und fliesst durch C ab. Die drei Rohrmündungen A B und C können durch Gummischläuche mit den entsprechenden Leitungen verbunden werden, der Hals

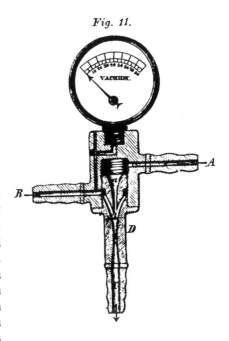

Fig. 11.

D wird in ein Stativ eingeklemmt. Ein kleines aufgeschraubtes, mit B communicirendes Vacuummeter zeigt den Grad der eintretenden Druckverminderung an.

Einfacherer Art, aber von kaum geringerer Wirksamkeit sind die in verschiedener Gestaltung im Handel vorkommenden Wasserstrahlpumpen aus Glas, die sich durch einen starkwandigen Kautschukschlauch mit jeder Wasserleitung verbinden lassen, leicht transportabel sind und überdies den Vorzug der Billigkeit haben. Zu ihnen gehört der Finkener'sche Sauger (Fig. 12), bei welchem das Wasser unter dem Druck der Wasser-

Fig. 12.

a

b

c

Fig. 13.

a

b

c

leitung durch das zur Spitze ausgezogene Rohr *a* eintritt, sich dann in das obere glockenartig erweiterte, in der Mitte verengte und nach unten wieder erweiterte Rohr *c* ergiesst und dabei durch *b* Luft ansaugt, welche nun in schäumendem Gemenge mit dem abfliessenden Wasser durch *c* austritt. Um die Zerbrechlichkeit des Apparates zu vermindern, pflegt man den sich nach unten conisch erweiternden Theil des Abflussrohres mittelst Schlauchverbindung ansetzen. Sehr zweckmässig ist auch die von H. Geissler herrührende in Fig. 13 abgebildete Saugvorrichtung, welche ohne Weiteres verständlich ist.

Eine andere Art von Vorrichtungen gestattet nicht allein die Absaugung, sondern auch die gleichzeitige Aufsammlung, unter Umständen sogar die Messung des Gases, oder doch diejenige des im Wasser nicht merklich löslichen Theiles desselben. Häufig ist es der Untersuchungsapparat selbst, z. B. die Gasbürette oder die geaichte Sammelflasche, welchen man als Saugvorrichtung benutzt, indem man ihn mit Wasser füllt und dieses, entweder gleich innerhalb der zu untersuchenden Atmosphäre oder aber nach Verbindung des Apparates mit dem Saugrohr, zum Ausfluss bringt.

Will man etwas grössere Gasmengen absaugen, so kann man sich einer Saugflasche bedienen, wie sie in Fig. 14 abgebildet ist. Diese Flasche *A*, welche erhöht gestellt wird, trägt in ihrem doppelt durchbohrten Verschlussstopfen aus Kautschuk den gläsernen Dreiweghahn *a* und ein fast bis auf den Boden reichendes Rohr *b*, durch dessen heberartige Verlängerung man das Ausfliessen des in der Flasche befindlichen Wassers bewirken kann. Der verbindende Gummischlauch trägt einen Schraubenquetschhahn, welcher die Regulirung des Ausflusses nach dem tiefer stehenden Gefäss *B* gestattet. Vor der Probenahme wird die Saugflasche durch Niveauveränderung mit Hilfe des Hebers soweit gefüllt, dass keine

Luftblasen darin bleiben und das Wasser bis zum Hahnschlüssel tritt; sodann entfernt man mit Hilfe der Saugpumpe c bei geeigneter Stellung des Dreiweghahns alle Luft aus der Gasleitung, setzt Letztere endlich in Verbindung mit A und bewirkt durch Ausfliessenlassen des Wassers das Ansaugen der Gasprobe. Einer derartigen Vorrichtung kann man sich z. B. in den Fällen be-

Fig. 14.

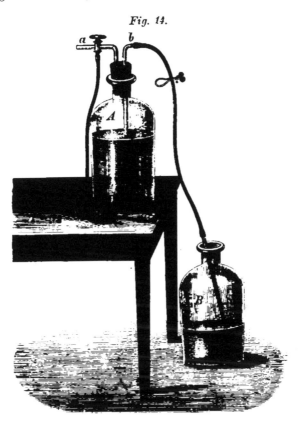

dienen, wo es sich darum handelt, dem mit Hilfe einer Wasserstrahlpumpe andauernd, z. B. während einer ganzen Betriebsperiode abgesaugten Hauptstrom eines Gases eine verjüngte Probe zu entnehmen. Diese würde dann als schwacher Nebenstrom eben so andauernd abzuleiten und in der Flasche A zur Aufsammlung zu bringen sein.

Recht zweckmässig ist ferner, namentlich für solche Fälle, wo es sich um das öftere Absaugen annähernd gleicher Gasvolumina handelt, der Doppelaspirator von Robert Muencke (Fig. 15). Auf zwei gusseisernen, bronzirten Pfeilern ruht in Lagern eine stählerne Welle, an welche in entgegengesetzter

Fig. 15.

Richtung zwei cylindrische Glasgefässe mit bekanntem Wasserinhalt befestigt sind, die mittelst eines Hahnes, der zur Regulirung des Abflusses dient, communiciren. Am vorderen Theile

der Welle, beziehentlich am oberen Theil des vorderen Pfeilers, ist eine einfache federnde Vorrichtung angebracht, die die Senkrechtstellung der Glasgefässe gestattet. Jeder Glascylinder trägt in seiner Messingfassung eine auf-schraubbare Verschlussplatte, die einerseits mit einer bis fast auf den Boden des Gefässes reichenden gebogenen Glasröhre, andererseits mit einem rechtwinkelig gebogenen Schlauchstück versehen ist, an dem die beiden Schläuche befestigt werden, welche mit dem auf dem Grundbret befindlichen Hahn in Verbindung stehen. Dieser den Gefässen *A* und *B* entsprechend bezeichnete Hahn ist derart durchbohrt, dass derselbe in derjenigen Stellung, wie die Abbildung sie zeigt, die Verbindung des oberen Gefässes *A* mit dem Apparat, durch welchen Gas gesaugt werden soll, und andererseits die Verbindung des unteren Gefässes *B* mit der Atmosphäre vermittelt. Ist das obere Gefäss abgelaufen, so drückt man auf den Kopf der federnden Vorrichtung, schwenkt die Cylinder um die gemeinschaftliche Achse und dreht den unteren Hahn um 180°. In dieser Stellung ist dann das Gefäss *B* in Verbindung mit dem Apparate, Gefäss *A* aber mit der Atmosphäre. Es gestattet somit dieser Doppelaspirator eine fast ununter-

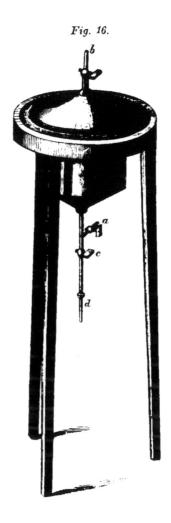

Fig. 16.

brochen Thätigkeit, ohne dass ein Wechsel der Schläuche nothwendig wird.

Besonders zweckmässig sind Aspiratoren aus Zinkblech von der in Fig. 16 abgebildeten Einrichtung. Das in einem Holzstativ hängende Blechgefäss *A* von 10 bis 15 l. Inhalt mündet

2*

oben in den Hahn· b aus und endet unten in eine schwach
conische Röhre, die durch den Hahn c abschliessbar ist und einen
Messingansatz d mit Längsdurchbohrung trägt, durch welchen
der regelmässige Abfluss von Wasser aus dem Gefässe bewirkt
werden kann, ohne dass dieses Luft schluckt. Der seitliche,
ebenfalls mit Hahn versehene Rohrstutzen a dient für den Wasserzufluss. Man verwende zur Füllung des Aspirators Wasser von
der Temperatur des Arbeitsraumes oder sorge wenigstens bei
directer Entnahme desselben aus der Wasserleitung dafür, dass
es Zeit finde, diese Temperatur anzunehmen. Dies ist ganz unerlässlich, wenn der Aspirator gleichzeitig zur Messung des abgesaugten Gasvolumens dienen soll, wozu er sich sehr gut eignet.
Bei derartigen Messungen setzt man auf den Hahn b mit Hilfe
einer dichten Verschraubung ein gläsernes ⊢-Rohr auf, dessen
oberer Schenkel in ein kleines Quecksilbermanometer endet,
während der seitlich abgezweigte mit dem Saugrohr verbunden
wird. Durch Oeffnen der Hähne b und c bewirkt man die Ansaugung des Gases und fängt gleichzeitig das ablaufende Wasser
in einem untergestellten Literkolben auf, um es zur Messung zu
bringen. Sobald der Wasserstand in diesem die Marke erreicht
hat, sperrt man den Hahn c ab, den Hahn b dagegen schliesst
man erst in dem Augenblicke, in welchem das Manometer wieder
Gleichgewichtsstand erreicht hat. Es ist dann ein dem abgeflossenen Wasser genau gleiches Gasvolumen abgesaugt worden.

Zur Absaugung und gleichzeitigen Messung grosser Gasvolumina kann man sich des selbstthätigen Saugapparates
von J. Bonny in Stolberg bei Aachen (D. R. P. No. 12360)
bedienen. Den wesentlichen Theil dieses Apparates (Fig. 17)
bildet das Blechgefäss A, welches im Innern einen Heber hat,
dessen kürzerer, sich trichterartig erweiternder Schenkel bis in
den unteren Theil des Gefässes reicht, während der längere durch
dessen Boden hindurchgeführt ist und in das Wassergefäss B
mit constantem Flüssigkeitsniveau eintaucht. Durch den in Verbindung mit der Wasserleitung stehenden Kautschukschlauch w
kann das Blechgefäss A mit Wasser gefüllt werden, während der
Schlauch g den Ein- und Austritt des Gases vermittelt. Derselbe
steht in Communication mit den Flaschen C und D, von denen
die erstere als Wasserverschluss, die letztere, die natürlich durch
einen besser wirkenden Apparat ersetzt werden kann, zur Aufnahme der Absorptionsflüssigkeit dient, durch welche das angesaugte Gas geleitet werden soll. Die Vorrichtung tritt in

Thätigkeit, sobald man den Hahn der Wasserleitung öffnet und Wasser in das Gefäss *A* eintreten lässt. Während dieses sich füllt, entweicht das darin befindliche Gas durch die Flasche *C*; sobald aber der Wasserstand die obere Biegung des Hebers erreicht, gelangt dieser zur Wirksamkeit und es beginnt der Wasserabfluss nach dem Gefässe *B*. Regulirt man nun den Wasserzufluss durch *w* so, dass derselbe geringer ist, als der Abfluss nach *B*, so sinkt der Flüssigkeitsstand im Gefässe *A* und es beginnt die Ansaugung des Gases durch die Absorptionsflasche

Fig. 17.

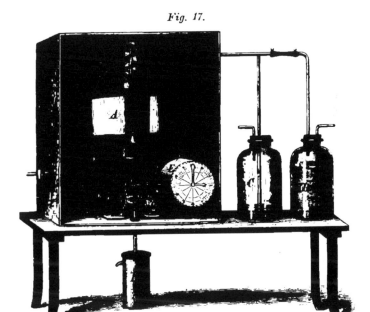

D, nach deren Passirung dasselbe nach *A* übertritt. Sobald aber das Wasser bis unter den kurzen Schenkel des Hebers abgeflossen ist, tritt dieser ausser Function und es beginnt diese erst wieder, wenn das Gefäss *A* sich auf's Neue mit dem unablässig zuströmenden Wasser gefüllt hat. Das bei jedem Spiele angesaugte Gasvolumen ist gleich dem ein- für allemal bestimmten Inhalte des Wassergefässes *A* vom höchsten bis zum tiefsten Wasserstande gemessen, die Zahl der Spiele aber wird durch den Hubzähler *E* registrirt. Aus der Multiplication beider Grössen ergiebt sich das Gasammtvolumen des angesaugten Gases.

Das Gefäss A ist in einem tragbaren Kasten an einer Spiral-
feder aufgehangen, welche beim Füllen desselben zusammen-
gedrückt wird, bei seiner Entleerung aber auseinandergeht.
Durch diese Einrichtung wird die Niveaudifferenz zwischen A
und B gleichgehalten.

3. Sammel-, Aufbewahrungs- und Transportgefässe für Gasproben.

Wenn irgend thunlich, soll man eine Gasprobe überhaupt
nicht aufbewahren, sondern sie gleich von der Entnahmestelle
aus dem Untersuchungsapparate zuführen, also z. B. in einer
Gasbürette, einer Absorptionsflasche zur Absperrung bringen, um
sie unverweilt der Analyse zu unterwerfen. Lässt sich jedoch
die Aufsammlung des Gases in einem besonderen Gefässe zum
Zweck der längeren Aufbewahrung oder des Transportes nicht
umgehen, so hat man nicht allein für völlig dichten Abschluss
desselben, sondern auch für die gänzliche Entfernung des bei
der Probenahme in Anwendung gekommenen Wassers Sorge zu
tragen, weil dieses sonst seine lösende Wirkung auf einzelne
Gasbestandtheile ausüben würde. Dies gilt für alle diejenigen
Fälle, in welchen man das Sammel- und Aufbewahrungsgefäss
selbst als Aspirator benutzt, indem man es mit Wasser füllt und
durch Abfliessenlassen desselben die Ansaugung der Gasprobe
bewirkt. Erfolgt dagegen die Probenahme ohne Anwendung von
Sperrwasser durch Einpumpen des Gases in das trockene Sammelgefäss mit Hilfe einer Kautschukpumpe, oder auf dem Wege des
Durchsaugens desselben unter Anwendung eines Aspirators, so
muss damit so lange fortgefahren werden, bis man vollkommener
Verdrängung aller Luft sicher ist.

Sammelgefässe aus Kautschuk sind im Allgemeinen zu
verwerfen, weil viele Gase durch ihre Wandung, auch wenn diese
stark oder mit Fett imprägnirt ist, zu diffundiren vermögen.
In besonders hohem Grade ist dies bei schwefliger Säure und
Wasserstoff der Fall, während sich z. B. Gemenge von Sauerstoff,
Stickstoff, Kohlensäure und Kohlenoxyd, also Verbrennungsgase,
mehrere Stunden lang, keinesfalls aber bis zum nächsten Tage,
unverändert darin erhalten.

Sammelgefässe aus Glas, denen man gewöhnlich Röhren-
gestalt giebt, sind nur dann unbedingt und dauernd dicht, wenn
man ihre Enden capillar verjüngt und sie nach erfolgter Einfüllung des Gases zuschmilzt. Will man später die so abge-

schlossene Gasprobe in eine Gasbürette überfüllen, so schiebt
man über die beiden Rohrenden enge Kautschukschläuche, füllt
diese mit Wasser und verschliesst sie durch eingeschobene Glasstäbchen oder aufgesetzte Quetschhähne, worauf man die zu-
geschmolzenen Rohrspitzen innerhalb des Schlauches durch
äusseren Druck abbrechen kann. Zumeist genügt es jedoch,

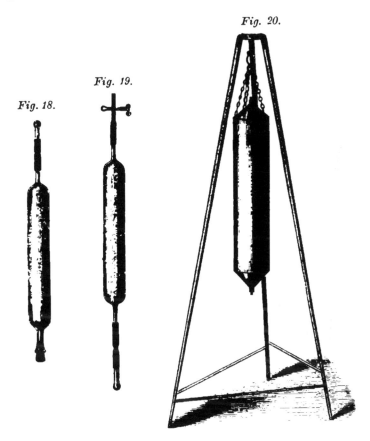

Fig. 20.

Fig. 19.

Fig. 18.

solchen Sammelröhren von Haus aus Kautschukverschluss zu
geben, der durch Pfropfen, Quetschhahn oder Glasstab bewirkt
werden kann (Fig. 18 und 19). Man verbindet dann das Schlauchende der Röhre mit der bereits mit Wasser gefüllten Gasbürette,
lässt das andere Ende in ein untergestelltes, ebenfalls mit Wasser
gefülltes Gefäss tauchen, öffnet seinen Verschluss unter dem
Wasserspiegel und lässt hierauf nach hergestellter Communication

den Wasserinhalt der Bürette abfliessen, bis das Gas übergetreten und an seiner Stelle Wasser in der Röhre emporgestiegen ist.

Sammelgefässe aus Zinkblech werden namentlich angewendet, wenn es sich um die Absperrung und den Transport grösserer Gasvolumina handelt, und es haben sich dieselben gut bewährt, natürlich nur in solchen Fällen, wo das Metall ohne Einwirkung auf das Gas ist. Die empfehlenswertheste Form ist die in Fig. 20 abgebildete. Das Gefäss hat 50^{cm}, einschliesslich der conischen Endverjüngungen 60^{cm} Länge bei 16^{cm} Durchmesser und fasst mithin 10 l. Gas. Beide Enden sind mit 1,5^{cm} weiten Tubulaturen versehen, welche durch weiche Kautschukpfropfen oder durch die bekannten, mit Gummi geliederten Porzellanverschlüsse mit festgelöthetem Charnier und Hebel dicht verschlossen werden können. Das Gefäss wird durch drei in einem Ringe zusammenlaufende, dünne Messingketten getragen und kann auf solche Weise bequem in der Hand transportirt werden, selbst dann, wenn es vorher mit Wasser gefüllt worden ist, um an geeigneter Stelle durch Ausfliessenlassen des letzteren eine Gasprobe zu entnehmen. Soll der Ausfluss langsam erfolgen oder doch regulirbar sein, so setzt man an Stelle der Vollpfropfen durchbohrte Pfropfen mit Glasrohr und Schraubenquetschhahn-Verschluss ein. Derartige Gefässe finden bei den Sächsischen Steinkohlenwerken zur Wegnahme von Wetterproben und Einsendung derselben an das Laboratorium der Freiberger Bergakademie in grosser Zahl Anwendung.

Zweiter Abschnitt.

Das Messen der Gase.

Allgemeines. Correctionen.

Das Volumen eines Gases kann auf directem oder indirectem Wege ermittelt werden. Man stellt dasselbe fest durch

    1) gasvolumetrische Bestimmung,
    2) titrimetrische Bestimmung,
    3) Gewichtsbestimmung.

Der gefundene Betrag wird in jedem Falle in Volumenprocenten zum Ausdruck gebracht.

Bekanntlich wohnt jedem Gase das Bestreben inne, sich auszudehnen, den sich ihm darbietenden Raum auszufüllen, es kommt ihm ein bestimmtes Expansionsvermögen zu; dasselbe äussert sich im Ruhezustande des Gases als ein dauernder Druck, dessen jedesmalige Grösse als Spannkraft oder Tension des Gases bezeichnet wird. Die Tension ist für sämmtliche Gase unter gleichen (mittleren) Verhältnissen dieselbe, alle unterliegen hinsichtlich ihrer Ausdehnung und Zusammenziehung dem nämlichen Gesetze.

Von grösstem Einfluss auf die Tension und damit auf das Volumen der Gase sind

    1) der Druck,
    2) die Temperatur,
    3) der Feuchtigkeitszustand

derselben. Wir messen die Gase unter den jeweilig obwaltenden Verhältnissen, also unter dem gerade herrschenden, durch das Barometer angezeigten Druck der Atmosphäre, dem gerade herrschenden, am Thermometer ersichtlichen Temperaturgrade und endlich, da wir mit wässeriger Sperrflüssigkeit arbeiten, durchweg in mit Feuchtigkeit gesättigtem Zustande. Die Umstände, unter denen die Messung der Gase erfolgt, können also sehr verschiedene sein, sie vermögen während der analytischen Arbeit, ja von einer Beobachtung zur anderen, zu wechseln, und ein jeder solcher Wechsel würde, wenn man ihn nicht berücksichtigen wollte, ganz beträchtliche Fehler zur Folge haben können. Es ist deshalb behufs Erlangung richtiger Resultate in vielen Fällen unerlässlich, eine Correction anzubringen, und es besteht diese in der Umrechnung des unter beliebigen, aber bekannten Verhältnissen ermittelten Gasvolumens auf dasjenige, welches es bei dem Normalbarometerstande von 760^{mm}, der Normaltemperatur von 0° und im trockenen Zustande haben würde. Unter diesen Verhältnissen befindet sich ein Gas, der ein- für allemal getroffenen Vereinbarung gemäss, im Normalzustande.

Die Reduction eines Gasvolumens auf den Normalzustand erfolgt nach einer Formel, deren Aufstellung folgende Beobachtungen zu Grunde liegen:

1) Druck. Dem Mariotte'schen Gezetze zufolge steht das Volumen eines Gases im umgekehrten Verhältniss zu dem darauf lastenden Drucke. Wenn also

V_0 das gesuchte Volumen des Gases bei Normaldruck,

V das Volumen des Gases beim Barometerstande B,

B den bei der Ablesung herrschenden Barometerstand

bezeichnet, so ist

$$V_0 = \frac{VB}{760}.$$

2) Temperatur. Die Ausdehnung eines Gases durch die Wärme beträgt für jeden Thermometergrad $^1/_{273}$ des Volumens, welches es bei 0° einnimmt. Wenn also ein Gasvolumen bei 0° 273^{ccm} beträgt, so wird es bei + 1° den Raum von 273 + 1^{ccm}, bei t° denjenigen von 273 + t^{ccm} erfüllen. Wenn demnach

V_0 das Volumen des Gases bei Normaltemperatur,

V das Volumen des Gases bei der Temperatur t,

t den Temperaturgrad, bei welchem die Messung vorgenommen wurde,

bezeichnet, so ist

$$V_0 = \frac{V \cdot 273}{273 + t}.$$

3) **Feuchtigkeitszustand.** Wenn ein Gas sich in Berührung mit Wasser mit Feuchtigkeit sättigt, so nimmt es unter gleichen Verhältnissen immer die gleiche Wassermenge auf. Das Wasser nimmt hierbei selbst Gaszustand an, übt also einen Druck aus, und dieser Druck, die Tension des Wasserdampfes, steigert sich, gemäss der vermehrten Bildung und Ausdehnung des letzteren, mit der Temperatur. Ihr Betrag in Millimetern Quecksilberhöhe $= f$ ist durch besondere Versuche bestimmt worden (s. Anhang, Tabelle zur Reduction der Gasvolumina auf dem Normalzustand, letzte Columne) und ist bei der Correction vom jeweiligen Barometerstande abzuziehen ($B - f$).

So ergiebt sich denn aus den vorstehenden Darlegungen die sämmtliche Correctionen umfassende Formel

$$V_0 = \frac{V \cdot 273 \cdot (B - f)}{(273 + t) \cdot 760}.$$

Wenn demnach ein mit Feuchtigkeit gesättigtes Gas bei 738^{mm} Barometerstand und 20° Temperatur den Raum von 1 l. = 1000^{ccm} erfüllt, so wird sein Volumen im trockenen Zustande bei Normaldruck und Normaltemperatur

$$\frac{1000 \cdot 273 \cdot (738 - 17,4)}{(273 + 20) \cdot 760} = 884,4^{ccm}$$

betragen.

Bei rasch verlaufenden gasanalytischen Bestimmungen, während welcher wesentliche Druck- und Temperaturveränderungen nicht zu befürchten sind, oder in Fällen, wo die Erlangung eines annähernd richtigen Resultates genügt, kann die Reduction der Gasvolumina auf den Normalzustand unterbleiben.

Bei der titrimetrischen und der gewichtsanalytischen Bestimmung eines Gases ergiebt sich dessen Volumen ohne Weiteres im corrigirten Zustande. Es kann nun, wenn z. B. der eine Gasbestandtheil titrimetrisch, der andere gasvolumetrisch ermittelt worden war, wünschenswerth erscheinen, das Volumen des ersteren auf dasjenige Volumen umzurechnen, welches es beim eben herrschenden Barometer- und Thermometerstande, sowie in mit Feuchtigkeit gesättigtem Zustande haben würde.

Die Umrechnung eines Gasvolumens vom Normal-zustande in dasjenige, welches sich bei anderem Baro-

meterstand und anderer Temperatur, sowie bei vollkommener Sättigung mit Wasserdampf ergeben würde,
erfolgt, wenn

Fig. 21.

V das Volumen des Gases beim
Barometerstande B und der
Temperatur t, sowie im mit
Wasserdampf gesättigten
Zustande,

V_0 das Volumen desselben bei
760^{mm} Barometerstand und
0°, sowie im trockenen Zustande

bedeutet, nach der Formel

$$V = \frac{V_0\,(273 + t)\,760}{273\,(B - f)}.$$

Die Bestimmung des atmo-
sphärischen Druckes erfolgt unter
Anwendung des Bunsen'schen
Heberbarometers (Fig. 21), welches auf beiden Schenkeln, oben
und unten, mit einer auf das Glas
geätzten Millimetertheilung versehen
ist und mit Hilfe eines Statives
vertical aufgestellt wird. Die Ablesung erfolgt durch das Fernrohr
eines Kathetometers (Fig. 22),
welches sich an einer dreikantigen
Messingsäule gleitend auf- und
niederschieben und durch ein Zahn-
radgetriebe mit Bequemlichkeit einstellen lässt. Die Beobachtungen
durch dasselbe erfolgen am besten
aus einer Entfernung von 2 bis 3^m.
Die Addition der Ablesungen auf
beiden Schenkeln ergiebt den Barometerstand. In gewissen Fällen
kann auch schon die Anwendung eines Aneroïdbarometers
genügen.

Zur Bestimmung der Temperatur dient ein kleines, in

Zehntelgrade getheiltes Thermometer, welches lose in den kürzeren Barometerschenkel eingesteckt worden ist.

Einen Apparat, welcher die rasche Reduction der Gasvolumina auf den Normalzustand ohne Beobachtung der Temperatur und des Barometerstandes gestattet, haben, nachdem schon U. Kreusler[1] diesbezügliche Vorschläge

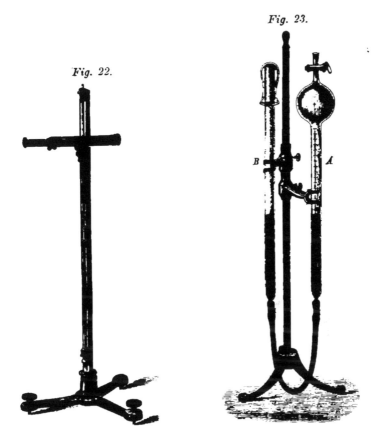

Fig. 23.

Fig. 22.

gemacht hatte, fast gleichzeitig und unabhänig von einander G. Lunge[2] und ich[3] construirt.

Ein eisernes Stativ mit zwei Armen (Fig. 23) trägt zwei

---

[1] U. Kreusler, Ber. d. deutsch. chem. Ges. XVII, 29.
[2] G. Lunge, Chem. Industrie. 1885, 163.
[3] Cl. Winkler, Ber. d. deusch. chem. Ges. XVIII, 2533.

vertikal stehende, in ihren unteren Enden durch einen engen, starkwandigen Kautschukschlauch verbundene Röhren aus Glas, deren eine die Messröhre bildet, während die andere als Niveauröhre dient. Die zur Kugel erweiterte Messröhre A ist oben durch einen kleinen, schwach gefetteten und absolut dicht schliessenden Hahn abgeschlossen. Vom Hahnschlüssel bis zur Nullmarke fasst sie genau 100^{ccm}; die auf dem cylindrischen Röhrentheile befindliche Graduirung erstreckt sich, von der Nullmarke ab gerechnet, nach oben hin auf 5^{ccm}, nach unten auf 25^{ccm} Röhreninhalt, derart also, dass sich 95 bis 125^{ccm} und zwar auf $^1/_{10}$^{ccm} genau, daran ablesen lassen. Diesen beiden Grenzvolumina würden 100^{ccm} im Normalzustande gedachter Luft, mit Feuchtigkeit gesättigt, bei 800^{mm} B und 0° t, beziehentlich 700^{mm} B und 30° t annähernd entsprechen, so dass also die Theilung für jede unter mittleren Verhältnissen denkbare Volumenveränderung ausreichen würde. Die Röhre A wird in vertikaler Stellung von dem feststehenden unteren Arme des Stativs getragen, so dass die Theilung vollkommen sichtbar bleibt.

Die Niveauröhre B ist ein gewöhnliches, oben offenes, nur mit Staubkappe bedecktes Rohr. Dasselbe ist in den oberen Arm des eisernen Stativs eingespannt und lässt sich, da dieser Arm mit Getriebe versehen ist, durch die daran befindliche Schraube beliebig auf- und niederbewegen. Der Inhalt der Niveauröhre braucht nicht mehr als 30^{ccm} zu betragen.

Um den Apparat für den dauernden Gebrauch ein- für allemal herzurichten, hat man, am besten unter Anwendung von Quecksilber als Sperrflüssigkeit, die Messröhre A mit einem Luftvolumen zu füllen, welches im Normalzustande genau 100^{ccm} betragen würde. In Wirklichkeit verwendet man zur Füllung mit Wasserdampf vollkommen gesättigte Luft; man spritzt wenige Tröpfchen Wasser in die Messröhre, stellt den bereits mit annähernd der erforderlichen Menge Quecksilber gefüllten Apparat nebst Barometer und Thermometer in einem nicht geheizten Raum auf und ermittelt nach Ablauf mehrerer Stunden, am besten erst Tags darauf, auf das Sorgfältigste den eben herrschenden Barometerstand. Nach der Formel

$$V = \frac{(760 - 4{,}5)\, 100 \cdot (273 + t)}{273\,(B - f)}$$

berechnet man dann das Volumen, welches 100^{ccm} Luft, im

Normalzustande gedacht, unter den beobachteten Verhältnissen einnehmen würden, stellt bei geöffnetem Hahne durch Heben oder Senken der Niveauröhre den Quecksilberspiegel genau auf dieses Volumen ein und schliesst sodann den Hahn wieder ab. Das auf solche Weise zur Absperrung gebrachte Luftvolumen vergrössert und verkleinert sich nun mit jeder äusserlichen Druck- und Temperaturveränderung in demselben Maasse, wie ein im nämlichen Raum befindliches, der Untersuchung und Messung unterliegendes Gasvolumen, so dass sich also das Normalvolumen des letzteren aus dem nach erfolgter Gleichstellung der Quecksilberspiegel abgelesenen Gasinhalt des Apparates durch eine blosse Proportionsrechnung ergiebt. Denn wenn

V das bei dem augenblicklich herrschenden Barometer- und Thermometerstande beobachtete Luftvolumen in der Röhre,

V_0 dasselbe im Normalzustande (constant $= 100^{ccm}$),

V^1 das bei dem augenblicklich herrschenden Barometer- und Thermometerstande gefundene Volumen des untersuchten Gases,

V_0^1 dasselbe im Normalzustande

bedeutet, so verhält sich

$$V : V_0 = V^1 : V_0^1.$$

(Siehe ferner unten G. Lunge's Gasvolumeter.)

Ein Apparat, welcher die sofortige Umrechnung eines im Normalzustande gedachten Gasvolumens in dasjenige ermöglicht, welches sich unter veränderten Druck- und Temperaturverhältnissen, sowie im feuchten Zustande, daraus ergeben würde, somit ein Apparat von umgekehrter Function, wird erhalten, wenn man die vorgedachte Röhre nach Beobachtung des Barometer- und Thermometerstandes und nach Befeuchtung ihrer Innenwand mit einem Luftvolumen füllt, wie es sich aus der Formel

$$V = \frac{100\,(273 + t)\,760}{273\,(B - f)}$$

ergiebt. Nach erfolgter Gleichstellung der beiden Quecksilberspiegel und vorgenommener Ablesung ergiebt sich V^1 aus der Proportion

$$V_0 : V = V_0^1 : V^1.$$

Auch hier ist V_0 constant $= 100^{ccm}$.

Eine ungefähre Correction, wie sie in den Fällen genügen kann, wo es auf grosse Genauigkeit nicht ankommt, wird
erhalten, wenn man sich damit begnügt, die Differenz zwischen
dem Volumen eines Gases im Normalzustande und demjenigen,
welches es unter den mittleren Druck- und Temperaturverhältnissen
des Ortes besitzt, ein- für allemal festzustellen und dieselbe, unbekümmert um sonstige, von der Localität und Witterung ab-
hängige Schwankungen, in Rechnung zu setzen. So hat z. B.
Freiberg im Jahresmittel 725,6^{mm} Barometerstand und 7,0° Temperatur. 1^{ccm} Gas von Normaldruck und Normaltemperatur
würde unter diesen mittleren Verhältnissen in mit Feuchtigkeit
gesättigtem Zustande den Raum von 1,085^{ccm} einnehmen. Mit
dieser Zahl hätte man das bei einer Gasuntersuchung abgelesene
Volumen zu dividiren, um seine ungefähre Correction herbeizuführen. Es ist jedoch zu berücksichtigen, dass die Temperatur
des Arbeitsraumes höher als die mittlere Jahrestemperatur zu
zu sein pflegt und dass es deshalb für die meisten Fälle zu-
treffender sein wird, diesen höheren Betrag in die Corrections-
rechnung einzusetzen. Nimmt man demgemäss für Freiberger Verhältnisse den mittleren Barometerstand von 725,6^{mm} bei einer
durchschnittlichen Temperatur von 20° im Arbeitsraume an, so
würde jeder Cubikcentimeter normal gedachten Gases 1,135^{ccm}
ausmachen. In Wirklichkeit führten die im Verlaufe eines Jahres
unter den verschiedensten Verhältnissen, jedoch immer im
Laboratorium angestellten Beobachtungen auf die Zahl 1,118^{ccm}.

1. Directe gasvolumetrische Bestimmung.

A. Messung in Gasbüretten (Nitrometer, Ureometer, Gasvolumeter).

Zur Messung kleinerer Gasvolumina im Betrage von 0,1 bis
100^{ccm} dienen Gasbüretten verschiedener Construction. Dieselben bestehen aus cylindrischen, meist ihrer ganzen Länge nach
mit Cubikcentimetertheilung versehenen Glasröhren, die oben und
unten durch Glashähne oder Quetschhähne, oder auch nur hy-
draulisch dicht abgeschlossen werden können und deren Theilung
beim oberen Verschluss beginnt oder endet. Braucht sich die
Theilung nicht auf die gesammte Rohrlänge zu erstrecken, so
pflegt man den nichtgraduirten Theil zur Kugel oder zum erweiterten Cylinder aufzublasen, wodurch eine Verkürzung der
Röhre erreicht wird, die aus practischen Gründen willkommen
sein kann.

Um den Büretteninhalt vor störenden äusseren Temperatureinflüssen zu schützen, umgiebt man die Messröhre häufig mit einem Wassermantel, dessen äussere Begrenzung durch ein weiteres, oben und unten geschlossenes Glasrohr gebildet wird. Auf diesem lässt sich nach Befinden ein breiter Milchglasstreifen anbringen, der dann hinter die Graduirung zu liegen kommt, so dass deren in diesem Falle geschwärzten Theilstriche auf weissem Hintergrunde erscheinen. In weitaus den meisten Fällen ist jedoch die Anwendung eines Wassermantels unnöthig, weil schon das Sperrwasser einen genügenden Ausgleich herbeiführt.

Die Gasbürette lässt sich in Communication mit einem zweiten Glasgefässe, der Niveauröhre oder der Niveauflasche, setzen, welches die Sperr-, zuweilen auch die Absorptionsflüssigkeit enthält. Durch den Inhalt desselben wird nicht allein die Absperrung des Gases oder dessen Ueberführung in besondere Absorptionsgefässe bewirkt, sondern er dient auch zur Regulirung des Druckes, welcher bei jeder Messung der nämliche sein muss. Zumeist bewirkt man die Messung unter dem Druck der Atmosphäre, bisweilen unter diesem plus dem Druck einer Wassersäule von bestimmter, sich gleichbleibender Höhe.

Als Sperrflüssigkeit verwendet man am besten nur reines Wasser. Die Vortheile, welche man vielfach durch Benutzung von Salzlösungen, Glycerin, Petroleum, Oelen zu erreichen glaubt, sind vollkommen illusorische, denn Gase, welche verhältnissmässig leicht vom Wasser absorbirt werden, finden auch in Berührung mit diesen Sperrmitteln eine noch immer so reichliche Aufnahme, dass die etwa erzielte Fehler-Verminderung in gar keinem Verhältniss zu den dagegen eingetauschten Lästigkeiten steht. Haben doch St. Gniewosz und Al. Walfiscz[1] sogar nachgewiesen, dass der Absorptionscoëfficient des Petroleums für Sauerstoff und viele andere Gase erheblich grösser ist, als der des Wassers. Man gelangt deshalb viel einfacher und bequemer zum Ziele, wenn man bei der Untersuchung von Gasgemengen etwa vorhandene, in Wasser leicht lösliche Bestandtheile in einer besonderen Quantität des trocken abgesperrten Gases bestimmt und dann erst den nichtabsorbirbaren Theil des Gases in die mit Wasserabsperrung versehenen Messgefässe überführt.

---

[1] St. Gniewosz und Al. Walfiscz, Zeitschr. f. physikal. Chem. 1, 70.

Auch aus anderen Gründen empfiehlt es sich, in die Gasbürette, also in das eigentliche Messgefäss, womöglich nur Wasser
zu bringen. Die Einführung von Absorptionsflüssigkeiten, wie
sie bei Büretten älterer Construction noch üblich ist, hat immer
Fehler im Gefolge, weil derartige Flüssigkeiten, z. B. Kalilauge,
Schwefelsäure, eine ganz andere Consistenz haben, als Wasser,
weil sie in anderem Maasse als dieses an der Bürettenwandung
adhäriren und deshalb beträchtlich längere Zeit zum Ab- und
Zusammenfliessen brauchen.

Das Zusammenfliessen der Sperrflüssigkeit muss
aber, wenn man richtige Ergebnisse erzielen will, auch bei Anwendung von reinem Wasser abgewartet werden, bevor man die
Ablesung vornehmen kann. Anderenfalls kann der Fehler 0,5 Proc.
und noch mehr betragen. Wenn auch die Beschaffenheit der
Glasoberfläche von bedeutendem Einfluss auf den Grad der Ad-

Fig. 24.

häsion ist, so vollzieht sich doch das Zusammenfliessen des Sperrwassers in gut gereinigten Büretten
mit genügender Gleichmässigkeit. Natürlich aber
ist seine Dauer abhängig von der Länge des
Weges, den die. an der inneren Bürettenwandung
herabfliessende Flüssigkeit zurückzulegen hat. Beträgt beispielsweise die Gasfüllung der Bürette nur
10^{ccm}, so tritt schon nach $1/2$ Minute Constanz in
der Höhe des Flüssigkeitsspiegels ein, beträgt sie
dagegen 100^{ccm}, so vergehen 5 bis 6 Minuten, bevor das Zusammenfliessen des Wassers beendet ist. Bei sehr genauen
Untersuchungen oder bei der absorptiometrischen Bestimmung
von Gasbestandtheilen, die in geringfügiger Menge auftreten, hat
man dies wohl zu berücksichtigen; im Allgemeinen genügt es,
vor jeder Ablesung zwei Minuten lang zu warten und in dieser
Zeit das Gas unter geringem Unterdruck zu halten, bevor man
zur Gleichstellung der Flüssigkeitsspiegel und zur Ablesung
schreitet. Man wird sich dann selten um mehr als $0,1^{ccm}$ irren.
Unerlässlich ist es dabei, dass die innere Bürettenwandung
rein, insbesondere frei von fettigem Ueberzuge, gehalten werde,
was sich durch Ausspülen mit Kalilauge oder besser mit Alkohol
leicht erreichen lässt.

Die Ablesung selbst erfolgt an der unteren concaven Begrenzung des Flüssigkeits-Meniskus (Fig. 24), welche das Zu-
sammenfallen mit der Marke des Messgefässes deutlich erkennen
lässt; genaue Ablesungen bewirkt man unter Anwendung einer

Lupe oder besser, mit grosser Schärfe und Sicherheit, durch das Fernrohr eines Kathetometers (Fig. 22, S. 29), wie solches auch für die Barometer- und Thermometerbeobachtung dient.

An dieser Stelle möge die Besprechung mehrerer Apparate Platz finden, welche, obwohl nicht eigentlich den Zwecken der Gasanalyse dienen, dieser doch insofern nahestehen, als sie die rasche Bestimmung vieler Körper durch Messung ihrer gasförmigen Umsetzungsproducte ermöglichen. Es sind diese Apparate das Nitrometer, das Ureometer und das Gasvolumeter.

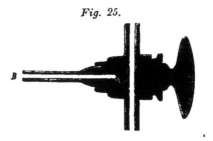

Fig. 25.

G. Lunge's[1] Nitrometer, im Princip von Walter Crum[2] herrührend, war, wie sein Name sagt, ursprünglich nur zur Gehaltsermittelung von Nitraten bestimmt, findet aber gegenwärtig die vielfältigste Anwendung, nachdem es durch G. Lunge nach Einrichtung wie Gebrauch zur heutigen Vollkommenheit entwickelt worden ist. Bei der Construction des Nitrometers hat der von mir[3] angegebene Dreiweghahn Verwendung gefunden, welcher vielfach als von H. Geissler herrührend bezeichnet wird. Derselbe (Fig. 25, 26 und 27) besitzt

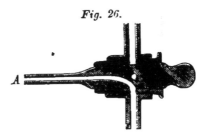

Fig. 26.

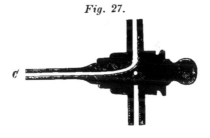

Fig. 27.

zwei Durchbohrungen; die eine ist eine gewöhnliche Querdurchbohrung, die andere bildet eine von der äusseren Begrenzung des Hahnschlüssels in dessen Längsrichtung fortlaufende Curve und endet in einen Rohransatz, der seinerseits durch einen

---

[1] G. Lunge, Ber. d. deutsch. chem. Ges. XI, 434.
[2] Walter Crum, Phil. Mag. XXX, 426.
[3] Cl. Winkler, Journ. f. pract. Chem. N. F. 6, 203.

Quetschhahn oder einen in das angesetzte Schlauchstück eingeschobenen Glasstab verschlossen wird. Es braucht nicht besonders
dargethan zu werden, dass mit Hilfe dieses Dreiweghahns die ver-
schiedenartigsten Communicationen herbeigeführt werden können.

Ein Dreiweghahn anderer Construction ist derjenige von
Greiner und Friedrichs[1] in Stützerbach. Bei demselben ist
die Quer- und die Längsbohrung des erstbeschriebenen Hahns

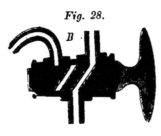

Fig. 28.

durch zwei Schiefbohrungen ersetzt,
wodurch der Quetschhahnverschluss
entbehrlich gemacht und ein fester
Sitz des Hahnschlüssels erreicht
wird (Fig. 28, 29 und 30). Nach
G. Lunge[2] ist dieser Hahn für das
Nitrometer ganz besonders geeignet
und er wird für diesen Zweck mit
dem aus Fig. 31 (S. 37) ersichtlichen Glockenaufsatz versehen.

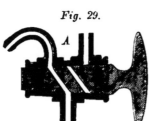

Fig. 29.

Das Nitrometer selbst (Fig. 31)
besteht aus einer durchweg cylindrischen Messröhre A von etwas
mehr als 50^{ccm} Inhalt, welche in
$1/10^{ccm}$ getheilt ist. Unten ist dieselbe zum verjüngten Rohransatz
ausgezogen, oben endet sie in einem
glockenförmigen Trichteraufsatz, mit
dem sie durch einen schwach gefetteten Glashahn verbunden ist.
Damit der Hahnschlüssel beim etwa
nöthig werdenden Schütteln der
Messröhre nicht herausfalle, kann
man ihn an der Einschnürung des
Trichteraufsatzes mit etwas feinem
Kupferdraht befestigen. Die Theilung

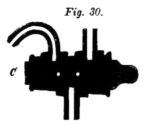

Fig. 30.

der Röhre beginnt vom Hahn an und läuft von oben nach
unten, doch muss das Rohr sich noch ein Stück über den unteren
Theilstrich hinaus fortsetzen, damit es einen für das spätere
Umschütteln nöthigen Quecksilber-Ueberschuss zu fassen vermag.
Das Messrohr wird von dem einen mit Federklammer versehenen

---

[1] Greiner und Friedrichs, Zeitschr. f. analytische Chem. 1887, 49.
[2] G. Lunge, Ber. d. deutsch. chem. Ges. XXI, 376.

Arm des zugehörigen Stativs getragen, ein zweiter Arm hält die Niveauröhre *B*, deren Inhalt und Durchmesser demjenigen der Messröhre nahezu gleich ist, wiewohl es sich für gewisse Fälle empfiehlt, sie im unteren Theile zur Kugel zu erweitern und dadurch ihren Fassungsraum zu vergrössern. Die unten verjüngten Enden beider Röhren sind durch starkwandigen Kautschukschlauch verbunden.

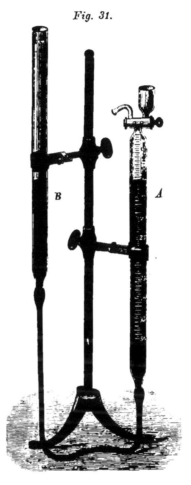

Fig. 31.

Vor dem Gebrauch werden beide Röhren des Nitrometers mit Quecksilber gefüllt. Man bewirkt die Füllung, indem man das mit Reibung in seiner Klammer verschiebbare Rohr *B* so stellt, dass sein unteres Ende etwas höher als der Hahn der Messröhre zu liegen kommt, und giesst bei geöffnetem Hahn Quecksilber in dasselbe ein, bis dieses, in der Messröhre aufsteigend, oben in den Trichteraufsatz einzutreten beginnt. Hierauf giebt man dem Hahn die Normalstellung (Fig. 26, bez. 30).

Der Gebrauch des Instrumentes lässt sich am besten an einem Beispiel erläutern. Wasserstoffsuperoxyd entwickelt beim Zusammentreffen mit einer durch Schwefelsäure stark angesäuerten Auflösung von übermangansaurem Kalium eine seinem Gesammtsauerstoffgehalt entsprechende Menge Sauerstoff in gasförmigem Zustande, während die Uebermangansäure in Oxydulsalz übergeht:

$$5 H_2O_2 + 2 KMnO_4 + 3 H_2SO_4 = 10 O + 8 H_2O + 2 MnSO_4 + K_2SO_4.$$

Bewirkt man diese Zersetzung innerhalb des Nitrometers, so lässt sich der entwickelte Sauerstoff messen und man kann aus seinem auf den Normalzustand reducirten Volumen die Menge des vorhanden gewesenen Wasserstoffsuperoxyds berechnen ($1^{\text{ccm}}\ O = 0{,}0015133\ \text{g}\ H_2O_2$). Es genügt wohl auch, für die Werthsbemessung des Wasserstoffsuperoxyds das Sauerstoffvolumen

Fig. 32.

zu ermitteln, welches 1 Vol. desselben geliefert hat, und dieses beträgt stets die Hälfte des gesammten zur Entwickelung gelangten Sauerstoffvolumens. Bei der Ausführung der Bestimmung giebt man zunächst dem Hahn der Messröhre Normalstellung (Fig. 26 bez. 30), bringt hierauf eine gewogene oder wohl auch gemessene Quantität Wasserstoffsuperoxyd in den Trichteraufsatz des Nitrometers, senkt die Niveauröhre, lässt den Trichterinhalt durch vorsichtiges Drehen des Dreiweghahns in die Messröhre fliessen, schliesst wieder und spült in gleicher Weise mehrmals mit wenig Wasser nach. Sodann giesst man in den Trichteraufsatz die mit Schwefelsäure angesäuerte Lösung des übermangansauren Kaliums, welche im Ueberschuss anzuwenden ist, und lässt sie unter entsprechender Senkung der Niveauröhre ebenfalls und in gleicher Weise, jedoch ohne Nachspülen, in die Messröhre einfliessen. Nachdem der Hahn geschlossen worden, nimmt man die Messröhre aus der Klammer und schüttelt um, damit die Flüssigkeiten sich mischen; sofort vollzieht sich das Freiwerden des Sauerstoffs und nach Wiederaufrichtung der Röhre und Gleichstellung der Flüssigkeitsniveaus in beiden Röhrenschenkeln kann man die Ablesung vornehmen. Um die Röhre zu entleeren und sie für eine neue Bestimmung gebrauchsfertig zu machen, lässt man den wässerigen Theil ihres Inhalts durch den gekrümmten Ansatz des Dreiweghahns ausfliessen.

In ähnlicher Weise kann man aus salpetersauren Salzen oder nitroser Schwefelsäure — hier unter Mitwirkung des Quecksilbers — durch concentrirte Schwefelsäure Stickoxyd frei machen oder aus Ammoniumsalzen, Harnstoff u. s. w. durch Brom-Natronlauge Stickstoff entwickeln und zur Messung bringen.

G. Lunge's[1] Ureometer. Aus dem Nitrometer ist ferner das ebenfalls von G. Lunge construirte, im Princip an W. Knop's[2] Azotometer erinnernde Ureometer (Fig. 32) entstanden, bei dessen Anwendung die Entwickelung des zu messenden gasförmigen Zersetzungsproducts nicht innerhalb der Messröhre, sondern ausserhalb derselben in einem besonderen Zersetzungsgefässe vorgenommen wird. *Fig. 33.* Bei diesem Instrumente fällt der Becheraufsatz als entbehrlich weg und ist durch ein einfaches Luftröhrchen ersetzt. Die Graduirung fängt nicht wie beim Nitrometer unmittelbar unter dem Hahn, sondern etwas tiefer an, als Sperrflüssigkeit kann ebensowohl Quecksilber, wie auch, wenigstens bei wenig löslichen Gasen, Wasser dienen. Das Instrument wird mit einer

von 0 bis 30 oder 0 bis 50^{ccm} gehenden Theilung versehen; handelt es sich um die Auffangung und Messung grösserer Gasvolumina, so giebt man ihm im oberen Theile eine kugelförmige Erweiterung (Fig. 33) und lässt die Theilung, die sich dann auf 60 bis 100^{ccm} oder 100 bis 140^{ccm} erstreckt, erst unter dieser beginnen. Als Entwickelungsgefäss für das zu messende Gas dient eine kleine weithalsige Flasche, die mit einem einfach durchbohrten, weichen Kautschukpfropfen verschlossen und durch ein kurzes Stück starkwandigen Schlauches mit dem seitlich abgebogenen Hahnansatz dicht verbunden werden kann. Auf dem Boden desselben steht, zweckmässig ein- für allemal darauf festgeschmolzen, ein cylindrisches, oben offenes Hohlgefäss zur Aufnahme der Zersetzungsflüssigkeit. Angenommen,

---

[1] G. Lunge, Ber. d. deutsch. chem. Ges. XVIII, 2030; ferner Ztschr. f. angew. Chemie. 1890, 8.

[2] W. Knop, Chem. Centralbl. 1860, 244, 1861, 591; fernere Litteratur: Cl. Winkler, Anleit. z. chem. Untersuch. der Industrie-Gase. II, 87.

man wollte, um das obige Beispiel wieder zu gebrauchen, den
Gehalt von Wasserstoffsuperoxyd durch Messung des durch angesäuertes übermangansaures Kalium daraus entwickelten Sauerstoffs im Ureometer bestimmen, so hat man eine bekannte Menge
Wasserstoffsuperoxyd in die Entwickelungsflasche und sodann
das zur Zersetzung dienende Gemisch von übermangansaurem
Kalium und verdünnter Schwefelsäure in ausreichendem Ueberschuss in den auf deren Boden stehenden kleinen Cylinder zu
pipettiren. Man schliesst sodann die Entwickelungsflasche, verbindet sie bei normaler Stellung des Hahnes mit dessen seitlich
abgebogenen Rohransatz, stellt den Quecksilber- oder Wasserspiegel des Ureometers in beiden Röhrenschenkeln auf den Nullpunkt ein und öffnet endlich den Hahn einen Augenblick nach
aussen, um den Inhalt des Apparates unter atmosphärischen Druck
zu bringen. Nun ist Alles zur Bestimmung vorbereitet; man be-

Fig. 34.

wirkt durch Neigen des Fläschchens den Ausfluss der Zersetzungsflüssigkeit und damit die
Entwickelung des Sauerstoffgases, welches, wenn
man die Niveauröhre gleichzeitig entsprechend
senkt, in die Messröhre übertritt. Hatte man
die Erwärmung des Entwickelungsgefässes durch
unnütze Berührung desselben mit der Hand
nach Möglichkeit vermieden, so kann man nach
Ablauf von etwa fünf Minuten die Flüssigkeit
in beiden Röhrenschenkeln gleich hoch stellen
und die Ablesung vornehmen. Gleichzeitig ermittelt man den Stand des neben dem Apparate befindlichen
Thermometers und Barometers und rechnet sodann das gefundene
Gasvolumen auf den Normalzustand um.

Au Stelle des vorbeschriebenen Zersetzungsgefässes kann man
sich auch des in Fig. 34 abgebildeten bedienen, welches von
G. Lunge und L. Marchlewski[1] für einen anderen Zweck
construirt worden ist. Bei seiner Anwendung wird die zur Zersetzung des Untersuchungsobjectes dienende Flüssigkeit in den
seitlichen Trichteransatz gebracht, doch muss man sie dabei mit
der Pipette abmessen und ihr Volumen hinterher vom Volumen
des entwickelten Gases in Abzug bringen. Ein besonderer Vortheil dieses Entwickelungsgefässes besteht darin, dass es Er-

---

[1] G. Lunge und L. Marchlewski, Zeitschr. f. angew. Chemie.
1891, 229.

wärmung zulässt, mit deren Hilfe man mechanisch in der Flüssigkeit gelöste Gase austreiben und zur Messung bringen kann.

So, wie vorstehend beschrieben, lässt sich aus kohlensauren Salzen durch verdünnte Säure Kohlensäure, aus Ammoniumsalzen oder Harnstoff durch Brom-Natronlauge Stickstoff, aus Chlorkalk oder Ferridcyankalium durch Wasserstoffsuperoxyd Sauerstoff freimachen, so dass deren gasvolumetrische Bestimmung auf das Schnellste möglich wird. Bezüglich der hierbei in Betracht kommenden, die Gasanalyse nicht eigentlich berührenden Einzelheiten, muss auf die Originalabhandlungen [1] verwiesen werden.

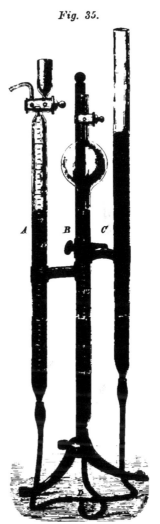

Fig. 35.

G. Lunge's Gasvolumeter. Um die beim Arbeiten mit dem Nitrometer und dem Ureometer unumgänglich nöthige Reduction des abgelesenen Gasvolumens auf den Normalzustand zu ersparen, ist G. Lunge [2] auf den äusserst glücklichen Gedanken gekommen, ein Insrument zu construiren, mit dessen Hilfe es möglich ist, ein unter beliebigen Verhältnissen in einem Messrohr abgesperrtes Gasvolumen augenblicklich auf den Normalzustand einzustellen und hierauf die Ablesung zu bewirken. Dasselbe bildet eine Combination des Gasmessrohrs mit dem auf S. 29 beschriebenen Correctionsapparat und führt die Bezeichnung Gasvolumeter (Fig. 35).

Mittelst eines Dreischenkelrohres *D* und genügend langer und dicker Kautschukschläuche von 13,5^{mm}

[1] G. Lunge, Ber. d. deutsch. chem. Ges. XIX, 868; Chem. Industrie, 1885, 161; Zeitschr. f. angew. Chemie. 1890, 6.

[2] G. Lunge, Zeitschr. f. angew. Chemie. 1890, 141.

äusserer und 4,5^{mm} lichter Weite sind drei Röhren mit einander
verbunden, welche sich in den Federklammern eines Stativs auf-
und niederschieben lassen. Das Rohr A ist das Gasmessrohr;
im vorliegenden Falle wird dasselbe durch die Messröhre eines
Nitrometers gebildet, doch kann man sich an dessen Stelle ebensowohl einen anderen abschliessbaren Gasmessapparat, z. B. eine
Bunte'sche Bürette, denken. Das zweite Rohr B ist das Re-
ductionsrohr; dasselbe fast vom Hahnschlüssel bis zu der
unterhalb der kugelförmigen Erweiterung befindlichen Marke
genau 100^{ccm} Luft im Normalzustande, also bei 0° Temperatur,
760^{mm} Barometerstand und trocken gedacht. Von dieser Marke
ab setzt sich die Theilung in $^1/_{10}$^{ccm} noch 30 bis 40^{ccm} weiter
nach unten fort. Die Füllung des Reductionsrohres muss ein-
für allemal unter Einführung eines einzigen Tropfen Wassers in
dasselbe und unter Beobachtung des gerade herrschenden Ther-
mometer- und Barometerstandes, so wie S. 30 beschrieben, auf
das Sorgfältigste vorgenommen werden, worauf man es durch
den gefetteten Glashahn oder besser und sicherer durch Zu-
schmelzen einer an dessen Stelle befindlichen Capillare schliesst,
bei welcher Operation der Rohrinhalt durch einen Schirm vor
der Einwirkung strahlender Wärme geschützt werden muss.
Ueber die Herstellung fertig gefüllter Röhren für den Handel
hat G. Lunge[1] ebenfalls Mittheilung gemacht. Das Rohr C
endlich dient als Niveau- oder Druckrohr zur Gleichstellung
der Flüssigkeitsvolumina in A und B.

Angenommen nun, man habe in dem Gasmessrohr A ein
Gasvolumen unter beliebigen Druck- und Temperaturverhältnissen
zur Absperrung gebracht, so nimmt man die Einstellung auf normal vor, wie folgt:

Das Rohr A wird in seiner Klammer festgestellt, B und C
aber werden gehoben und zwar C um soviel mehr, dass in B
das Quecksilber auf den Punkt 100 steigt. Nun schiebt man B
und C, die zu diesem Zwecke in eine geeignet construirte Gabelklammer[2] eingespannt worden sind, durch welche ein gleich-
zeitiges und gleichmässiges Verrücken ermöglicht wird, in der
Art herunter, dass ihr gegenseitiger Abstand erhalten bleibt, bis
das Quecksilberniveau in B, also der Strich 100, im Niveau des
Quecksilbers von A steht, und findet durch darauffolgende Ab-

[1] G. Lunge, Zeitschr. f. angew. Chemie. 1890, 227.
[2] G. Lunge, Zeitschr. f. angew. Chemie. 1891, 297.

lesung das abgesperrte Gasvolumen unmittelbar in corrigirtem Zustande.

H. Rey[1] hat das Gasvolumeter zur Bestimmung der Tension von Flüssigkeiten, z. B. von Kali- und Natronlauge, benutzt und dabei, um jeder Temperaturveränderung vorzubeugen, Reductions- und Messrohr mit Wassermantel umgeben. Ferner hat er zu genauer Höheneinstellung ein mit Libelle versehenes Ableselineal construirt. Das von ihm befolgte Verfahren gründet sich auf folgende Ueberlegung:

Man denke sich ein bekanntes Volumen Gas bei bekanntem äusseren Druck gesättigt mit den Dämpfen der auf ihre Tension zu prüfenden Flüssigkeit. Aendert man diesen äusseren Druck unter Beibehaltung derselben Temperatur, so lässt sich aus der eintretenden Volumenveränderung die Tension berechnen. Bezüglich der Einzelheiten des Verfahrens und der Rechnung muss auf das Original verwiesen werden.

B. Messung in Gasuhren.

Die Gasuhren, Gasmesser oder Gaszähler dienen zur Messung grösserer bis unbegrenzt grosser Gasvolumina und finden nur beschränkte Anwendung. Man bedient sich derselben insbesondere in solchen Fällen, wo es sich darum handelt, einen in minimaler Menge vorhandenen Gasbestandtheil absorptiometrisch zu bestimmen, wobei dann die Gasuhr zwischen das Absorptionsgefäss und einen Aspirator, z. B. eine Wasserstrahlpumpe, eingeschaltet wird. Die Messung erstreckt sich also auf den nicht absorbirbaren Theil des Gases, während der absorbirbare gewöhnlich titrimetrisch oder gewichtsanalytisch bestimmt wird.

Man kann sich ferner einer Gasuhr bedienen, wenn es sich darum handelt, das Volumen des Hauptgasstromes zu ermitteln, den man aus einem Raume ableitete, um ihm gleichzeitig eine Durchschnittsprobe zu entnehmen.

Je nachdem die Messung eines die Gasuhr passirenden Gases mit oder ohne Anwendung von Sperrflüssigkeit erfolgt, unterscheidet man nasse und trockene Gasuhren. Für gasanalytische Zwecke finden jedoch nur die ersteren Anwendung.

Die nasse oder hydraulische Gasuhr (Fig. 36 und 37) besteht aus einem cylindrischen, horizontal auf einem Fusse

---

[1] H. Rey, Zeitschrift f. angew. Chemie. 1890, 510.

ruhenden Blechgehäuse, welches bis etwas über die Hälfte seiner
Höhe mit Sperrflüssigkeit (Wasser oder Glycerin von 1,14 specif.
Gew.) gefüllt ist und in welchem sich eine um eine horizontale
Achse drehbare Trommel bewegt, die durch Scheider in mehrere
Kammern von völlig gleichem Inhalt getheilt ist. In der Regel
wendet man vier solcher Kammern an; jede derselben hat eine
in der Nähe der Achse liegende Oeffnung, durch welche das Gas
eintritt, und andererseits eine in der Peripherie der Trommel
liegende Ausgangsöffnung, durch die es in das äussere Gehäuse
gelangt, von wo aus es der Verbrauchsstelle zuströmt. Die durch
das hindurchgeführte Gas bewirkte Bewegung der Trommel wird
auf ein Zeigerwerk übertragen, welches so construirt ist, dass es

Fig. 36.

Fig. 37.

sowohl die ganzen Trommelumgänge, wie deren Bruchtheile
registrirt. Da nun andererseits der Fassungsraum der Messtrommel bekannt ist, so wird es möglich, das Volumen des durch-
passirten Gases unmittelbar am Zeigerstande des Zählwerkes
abzulesen.

Bei der vorstehend abgebildeten Gasuhr erfolgt das Einfüllen der Sperrflüssigkeit durch die Oeffnung *d*; das Gas tritt
durch *a* ein und entweicht, nachdem es die Trommel in der durch
einen Pfeil angedeuteten Richtung passirt hat, durch *b*. Ein
zweiter Ausgang wird durch den Hahn *c* gebildet, welcher, wenn
doppelte Ableitung des Gases erfolgen soll, gleichzeitig benutzt
werden kann, im anderen Falle aber natürlich geschlossen bleibt.

Für gasanalytische Zwecke verwendet man Gaszähler kleinster
Sorte, sogenannte Experimentir-Gasmesser, wie man sie

auch in den Leuchtgasfabriken bei photometrischen Arbeiten
benutzt. Dieselben werden von jeder Gasmesser-Fabrik, u. A.

Fig. 38.

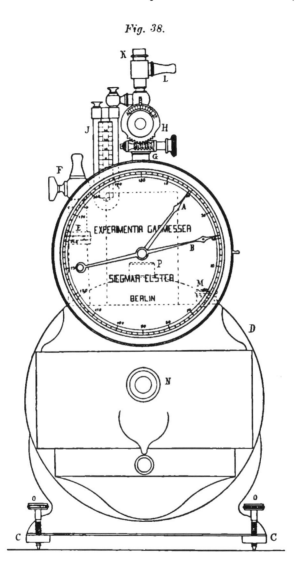

von S. Elster in Berlin N.O., Neue Königstrasse 68, geliefert
und zwar von nebenstehender Einrichtung (Fig. 38).

Das Zifferblatt trägt zwei Zeiger; der kleinere A giebt den

wirklichen Durchgang von Gas an, der längere B läuft 60 Mal
schneller und gestattet so, durch Beobachtung seines Weges
während einer Minute, den stündlichen Verbrauch abzulesen.

Der Apparat besteht in seiner einfachsten Form aus dem
auf zwei Fussschienen C ruhenden Gehäuse D, in welchem sich
eine 4kammerige Messtrommel in Wasser dreht und ihre Um-
drehungen durch Räder und Wellen auf die beiden Zeiger über-
trägt. Auf dem Eingang des Gasmessers sitzt vermittelst einer
Verschraubung E ein Schlauchhahn F zur Verbindung mit der
Gasleitung und auf dem Ausgang trägt die Verschraubung einen
Rohraufsatz G, an welchem sowohl ein durch Mikrometerschraube
fein einstellbarer Ausgangshahn H, als auch ein Manometer J
zur Ablesung des Druckes hinter dem Gasmesser angebracht ist.
Die Ausströmung erfolgt entweder durch eine oberhalb des Mano-
meters befindliche für gewöhnlich mit einer Kapsel K verschlossene Brennertülle, auf welcher der etwa auf seinen Verbrauch zu prüfende Brenner direct aufgeschraubt werden kann,
oder durch eine Schlauchtülle L zu anderweitiger Verwendung.
Die richtige Füllung des Messers erfolgt durch Eingiessen von
Wasser in die hinter dem Zifferblatt angebrachte Füllschraube M,
bis zum Abfliessen des überflüssigen Wassers aus der an der
Vorderseite des Gehäuses sitzenden Ablassschraube N.

Behufs genauerer Einstellung des richtigen Messzustandes
wird der Gasmesser mit 4 Horizontal-Stellschrauben O an den
Fussschienen C und Dosenlibelle P auf dem Gehäuse versehen.
Zugleich damit wird an den dergestalt besser ausgestatteten
Apparaten noch eine Ausrückung des schnellen Zeigers und ein
Glockensignal angebracht, welches nach dem Durchgang je eines
Liters einen Schlag giebt.

Für exakte Zwecke wird den Experimentirgasmessern auch
noch je ein Thermometer für das Füllungswasser und das ge-
gemessene Gas beigegeben.

Ferner kann für Dauerversuche noch eine Erweiterung des
Zählwerks vorgenommen werden, um mit demselben grössere
Durchgangsmengen festzustellen. Es befinden sich dann auf dem
grossen Zifferblatte noch mehrere kleinere, welche die 10-, 100-
und 1000fachen der vom kleinen Zeiger angegebenen Einheit
bestimmen lassen.

Handelt es sich endlich, wie das in physiologischen Labo-
ratorien nicht selten der Fall, um die Registrirung gewisser
Durchgangsmengen an Gas (Luft), so bewirkt man diese mit

Benutzung der Zeigerumdrehungen durch die Anbringung eines electrischen Contacts.

Bei den Berliner Gaswerken bedient man sich des so-genannten fünfflammigen Experimentir-Gasmessers, welcher im Maximum 500 l Gas in der Stunde durchlässt. Man kann jedoch bei demselben den Gasdurchgang auf 10 l stündlich abmindern, ohne dass die Genauigkeit der Ablesung leidet. Derartige Gas-messer haben 36^{cm} Höhe bei 33^{cm} Länge; die Genauigkeit be-trägt $\pm$ 1 Proc., so dass also der Fehler nach der einen wie nach der anderen Seite hin zwar 1 Proc. erreichen kann, in Wirklichkeit aber 0,1 Proc. meist nicht überschreitet. Es sind dies im Ganzen sehr brauchbare Instrumente; der Prüfung durch die Aichungsbehörde unterliegen dieselben in der Regel zwar nicht, doch werden sie vom Fabrikanten nur dann abgegeben, wenn sie beim Durchgange von 200 l Gas weniger als $^1/_4$ Proc. Abweichung zeigen.

Bei häufig wiederkehrenden Untersuchungen gleicher Art, welche die Bestimmung eines in untergeordneter Menge in einem Gase auftretenden Bestandtheils zum Zweck haben, wie z. B. bei der Ammoniakbestimmung im Leuchtgase, empfiehlt es sich, immer unter möglichst gleichen Verhältnissen zu arbeiten, am besten also auch für jede Untersuchung dasselbe Gasvolumen zu verwenden. Man regelt in solchem Falle den Gasaustritt durch einen Hahn mit Mikrometerschraube; da aber die anzuwendende Gasmenge gewöhnlich eine grosse und demgemäss auch die Zeit-dauer der Untersuchung eine beträchtliche ist, so kann es nur erwünscht sein, eine Gasuhr zu besitzen, welche, nachdem die erforderliche Gasmenge durchpassirt ist, den Gasstrom ohne Gegenwart des Experimentators selbstthätig absperrt. Eine der-artige Gasuhr mit selbstthätiger Absperrung, welche sich nach 100 l Gasdurchgang mittelst eines vom Zeiger ausgelösten Winkelhebels schliesst, ist von Tieftrunk[1] beschrieben worden.

Unbedingt zuverlässig sind Gasuhren nie, doch geben sie sehr brauchbare Annäherungszahlen, insbesondere dann, wenn man sich damit begnügt, am Zeigerwerk und Zifferblatt nur die Trommelumgänge abzulesen, ohne gleichzeitig auch die Angabe des durchgegangenen Gasvolumens zu fordern. Eine derartig beschränkte, aber dafür um so richtigere Beobachtung gestatten

---

[1] Tieftrunk, Verhandl. d. Vereins z. Beförd. d. Gewerbfl. 1876, V. Beil., XXXIX; Cl. Winkler, Anleit. z. chem. Unters. d. Industrie-Gase. II, 95.

die Gasuhren mit arbiträrer Theilung des Zifferblattes
(Fig. 39), wie sie in physiologischen Instituten Anwendung finden
und von L. A. Riedinger in Augsburg in bewährter Ausführung
geliefert werden. Diesen Gasuhren kommt ein Durchgangs-
maximum von 500 bis 600 l Gas pro Stunde zu. Ihr Zifferblatt
trägt zwei Zeiger, von denen der kleinere, die Unterabtheilungen
angebende, fest mit der Trommelachse verbunden ist, sich also
mit dieser bewegen muss. Die Uebersetzung ist derart, dass
dieser Zeiger 100 Touren machen muss, bevor der zweite, grössere,
einen Umgang zurückgelegt hat. Der Trommelinhalt beträgt
2,5 l; dem gleichen Gasvolumen entspricht ein Umgang des kleinen
oder $\frac{1}{100}$ Umgang des grossen Zeigers. Das Zifferblatt hat zwei

Fig. 39.

Kreistheilungen. Der äussere Kreis
ist in 100 Theile getheilt, die von
5 zu 5 numerirt sind; auf ihm giebt

$\frac{1}{1}$ Umgang des grossen Zeigers 250 l

$\frac{1}{100}$ »   »   »   »   2,5 l

an. Der innere Kreis ist in $\frac{1}{10}$,
$\frac{1}{50}$ und $\frac{1}{250}$ getheilt und die Theilstriche sind durch verschiedene
Länge markirt. Der fünfte Theil
der kleinsten Abstände, entsprechend
$\frac{1}{1250}$ des gesammten inneren Kreises,
lässt sich noch mit hinlänglicher
Sicherheit schätzen.

Demnach entspricht:

1 Umgang des grossen Zeigers	. . .	250000 ccm
1 Umgang des kleinen Zeigers	. . .	2500 »
$\frac{1}{10}$ desselben (längster Theilstrich)	. .	250 »
$\frac{1}{50}$ » (mittler Theilstrich)	. .	50 »
$\frac{1}{250}$ » (kleinster Theilstrich)	.	10 »
$\frac{1}{1250}$ » (zu schätzen)	. . . .	2 »

Um sich des richtigen Ganges einer Gasuhr zu vergewissern,
muss man dieselbe der Aichung unterwerfen. Diese kann dadurch erfolgen, dass man bei constanter Temperatur mit Hilfe
eines mit Manometer versehenen grossen Aspirators wiederholt
verschiedene Mengen Luft durch die Gasuhr hindurchführt und
das ausgeflossene Wasser in Literkolben auffängt. Sein Volumen
entspricht demjenigen der angewendeten Luft, sofern das Mano-

meter beim Beginn wie am Ende des Versuchs Gleichgewichtsstand zeigt.

2. Titrimetrische Bestimmung.

Die nach dem Gesetze der Stöchiometrie verlaufende Reaction,
welche manche Gase beim Zusammentreffen mit geeigneten Absorptionsflüssigkeiten herbeizuführen vermögen und welche sich
in der Bildung eines Niederschlags, im Eintritt einer Farbwandlung u. A. m. zu äussern pflegt, lässt sich bisweilen zur quantitativen Bestimmung des fraglichen Gases benutzen. Wo immer
möglich, macht man diese Bestimmung zu einer titrimetrischen
und zwar verwendet man dabei Maassflüssigkeiten, deren chemischer Wirkungswerth nicht auf das Gewicht, sondern auf das
Volumen des zu bestimmenden Gases bezogen ist. Als Normallösung ist diejenige Titerflüssigkeit zu betrachten, von welcher
1^{ccm} genau 1^{ccm} des von ihr aufzunehmenden Gases chemisch
zu binden vermag, wobei vorausgesetzt ist, dass dieses Gas sich
im Normalzustande, also unter einem Druck von 760^{mm} Queck-
silbersäule, einer Temperatur von $0°$ und im trockenen Zustande
befinde. Durch decimale Verdünnung der Normallösung erhält
man die Zehntel-Normallösung, von welcher 1^{ccm} $0,1^{ccm}$
des Gases entspricht. Erfolgt die Bestimmung eines Gases nicht
direct, sondern auf dem Wege des Rücktitrirens, so bedarf
man zweier Maassflüssigkeiten, die, wenn normal, natürlich gleich-
werthig sind; sollte bei der einen oder anderen derselben die
Einstellung auf normal aus practischen Gründen nicht gut möglich sein, so begnügt man sich damit, den gegenseitigen Wirkungswerth beider festzustellen.

Die titrimetrische Bestimmung eines Gases kann auf zweierlei
Weise ausgeführt werden:

**A. Titrimetrische Bestimmung des absorbirbaren Gasbestandtheils
unter gleichzeitiger Messung des Gesammtgasvolumens.**

Bei dieser Art der Bestimmung erfolgt die Abmessung des
zu untersuchenden Gases gewöhnlich in einer Flasche von bekanntem Inhalte (Fig. 40), die im Halse eine Marke trägt,
bis zu welcher der den Verschluss bildende Kautschukpfropfen
gerade eingeschoben wird. Letzterer ist mit zwei Durchbohrungen
versehen, in welche man für gewöhnlich oben entweder knopfartig verdickte oder rechtwinkelig abgebogene Glasstabverschlüsse

einsetzt, doch haben dieselben auch die zum Füllen der Flasche
nöthigen Gasleitungsröhren, oder beim Titriren die Pipetten- und
Bürettenspitzen aufzunehmen. Durch schwaches Lüften der erwähnten Glasstabverschlüsse gelingt es leicht, einen etwaigen
Ueberdruck innerhalb des Gefässes zu beseitigen oder das beim
Einfliessen von Flüssigkeiten in die Flasche verdrängte Gas entweichen zu lassen, ohne dass deshalb ein
eigentliches Oeffnen des Gefässes nöthig würde.

Fig. 40.

Soll nun dem in der Flasche abgesperrten Gase ein absorbirbarer Bestandtheil behufs gleichzeitiger Bestimmung entzogen werden, so führt man mittelst der
Pipette ein genau gemessenes, überschüssiges
Volumen der titrirten Absorptionsflüssigkeit
(Normallösung) ein, während man gleichzeitig die erwähnte Lüftung vornimmt, also
ein dem Volumen der eingeflossenen Flüssigkeit gleiches Volumen Gas entweichen lässt.
Letzteres ist dann vom ursprünglich angewendeten Gasvolumen in Abzug zu bringen.

Nach genügender, durch Umschwenken
erleichterter Berührung des Gases mit der
Flüssigkeit wird der verbliebene Ueberschuss
des Absorptionsmittels durch Rücktitriren
bestimmt; die Differenz zwischen beiden
Flüssigkeitsvolumina ergiebt, wenn man mit
Normallösungen arbeitet, unmittelbar das
Volumen des absorbirten Gasbestandtheils
im Normalzustande.

Auf gleichem Principe beruhen diejenigen Bestimmungsmethoden, bei deren
Ausführung man das zu untersuchende Gas
in der Gasuhr zur Abmessung bringt und
es sodann durch ein hinter dieser aufgestelltes Absorptionsgefäss
leitet, welches man mit einem gemessenen Ueberschuss titrirter
Absorptionsflüssigkeit beschickt hat.

**B. Titrimetrische Bestimmung des absorbirbaren Gasbestandtheils
unter gleichzeitiger Messung des nichtabsorbirbaren Gasrestes.**

Bei Bestimmungen dieser Art passirt das zu untersuchende
Gas zuerst einen Absorptionsapparat, welcher ein bekanntes

Volumen titrirter Absorptionsflüssigkeit (Normallösung) enthält,
und hierauf erst die Messvorrichtung, durch welche das Volumen
des nichtabsorbirbaren Theiles des Gases ermittelt wird. Die
Summe beider Beträge, des durch Titrirung gefundenen und des
direct gemessenen, entspricht dem Gesammtvolumen des zur
Untersuchung verwendeten Gases.

Man kann hierbei entweder wie unter A beschrieben verfahren, indem man einen gemessenen Ueberschuss an Absorptionsflüssigkeit anwendet und denselben hinterher durch Rücktitriren
ermittelt, oder aber man kann die Menge des Absorptionsmittels
beschränken, das Durchleiten des Gases aber solange fortsetzen,
bis eine sichtbare Reaction, z. B. eine Farbwandlung, eintritt,
welche den vollkommenen Verbrauch des Absorptionsmittels be-
kundet. Im ersten Falle ist die Titrirung eine indirecte, im
zweiten eine directe.

Das Volumen des nichtabsorbirbaren Gasbestandtheils wird
durch eine Messvorrichtung ermittelt, welche sich an das Absorptionsgefäss anschliesst und die entweder mit einem Saugapparat in Verbindung steht oder selbst als solcher fungirt.
Je nach der Grösse des zu messenden Gasvolumens und der zu
erzielenden Genauigkeit verwendet man als Messvorrichtung eine
Gasuhr oder einen Aspirator mit Wasserfüllung oder eine
Kautschukpumpe, die bei jedem Spiele ein bestimmtes, sich
annähernd gleichbleibendes Gasvolumen ansaugt. Erfolgt die Bestimmung des absorbirbaren Gasbestandtheils durch Rücktitriren,
wendet man also einen gemessenen Ueberschuss des Absorptionsmittels an, so kann der Versuch solange fortgesetzt werden, bis
der nicht absorbirbare Theil eine bestimmte, runde Zahl an
Volumeneinheiten erreicht hat, d. h. man kann sich zur Messung
des letzteren einer Gasuhr mit selbstthätiger Absperrung oder
eines Aspirators mit ein- für allemal bekannter Wasserfüllung
bedienen, welche letztere in solchem Falle vollständig zum Ausfluss gebracht wird. Es bildet dann der nichtabsorbirbare Theil
des untersuchten Gases die constante, der absorbirbare aber die
variable Grösse.

Soll dagegen die Titrirung eine directe sein, so ist umgekehrt
das Volumen des absorbirbaren Gasbestandtheils durch das angewendete Volumen Titerflüssigkeit gegeben, während dasjenige
des nichtabsorbirbaren Theiles zur variablen Grösse wird. Man
bestimmt letzteres durch Ablesung an der Gasuhr, durch die
Zahl der Pumpenspiele oder durch Messung des aus dem Aspirator

4*

abgeflossenen und in einem mit Cubikcentimetertheilung versehenen Glascylinder aufgefangenen Wassers.

Bei den unter A und B verzeichneten Bestimmungsweisen
wird der absorbirbare Gasbestandtheil im Normalzustande, der
nichtabsorbirbare aber beim Druck und der Temperatur der
Atmosphäre, sowie im feuchten Zustande gemessen. Es darf nun,
wenn das Ergebniss richtig ausfallen soll, nicht unterlassen werden,
beide Volumina auf gleiche Verhältnisse umzurechnen, wobei
es belanglos ist, ob man sich für das corrigirte oder das un-
corrigirte Volumen entscheidet. Ueblich ist es, die Umrechnung
auf ersteres vorzunehmen.

3. Gewichtsbestimmung.

A. Gewichtsanalytische Bestimmung.

Die Ermittelung eines Gasvolumens durch Bestimmung seines
Gewichtes setzt ebenfalls die vorherige Absorption des Gases und
Ueberführung desselben in eine feste oder flüssige wägbare Verbindung voraus. Es findet diese Art der Bestimmung verhältnissmässig beschränkte Anwendung; man bedient sich derselben insbesondere in solchen Fällen, wo Gasbestandtheile, die in minimaler Menge vorhanden sind, ermittelt werden sollen. Die
Absorption des zu bestimmenden Gasbestandtheils und die
Messung der Gasvolumina erfolgt genau so, wie es bei der titrimetrischen Bestimmung der Gase, 2. A. und B. (S. 49 und 50),
beschrieben worden ist, und sofern es nicht genügt, die blosse
Gewichtszunahme des Absorptionsapparates festzustellen, bringt
man den absorbirten Gasbestandtheil in Gestalt einer unlöslichen
Verbindung, eines Niederschlags, zur Abscheidung und schliesslich zur Wägung.

B. Bestimmung des specifischen Gewichts.

Die Bestimmung des specifischen Gewichts von Gasgemengen
lässt in vielen Fällen einen Rückschluss auf deren Zusammensetzung zu und steht z. B. bei der Leuchtgasfabrikation, die ja
in den verschiedenen Perioden des Destillationsprocesses sehr
verschiedene Producte liefert, allgemein in Anwendung. Möglicherweise würde sie sich auch, was bis jetzt noch nicht geschehen
ist, für die Beurtheilung der Beschaffenheit anderer Gasgemenge,
z. B. der Verbrennungsgase, Röstgase u. a. m., verwerthen lassen.

Für technische Untersuchungen solcher Art kommen namentlich zwei Methoden in Betracht, die im Nachfolgenden beschrieben werden sollen.

a. Bestimmung des specifischen Gewichtes eines Gases durch Messung seiner Ausströmungsgeschwindigkeit.

Das Gewicht zweier Gase, die unter gleichen Verhältnissen aus einer Oeffnung ausströmen, steht in annähernd demselben Verhältniss, wie die Quadrate der Ausströmungszeiten. Hat ein Gas vom specifischen Gewichte s die Ausströmungszeit t und ein anderes vom specifischen Gewichte s_1 die Ausströmungszeit t_1, so ist die Relation zwischen der Ausflusszeit und dem specifischen Gewicht ausgedrückt durch:

$$\frac{s_1}{s} = \frac{t_1^{\,2}}{t_2}.$$

Wählt man als Vergleichsobject atmosphärische Luft mit dem specifischen Gewichte $s = 1$, so ergiebt sich das specifische Gewicht des anderen Gases aus der Formel

$$s_1 = \frac{t_1^{\,2}}{t^2}.$$

Dieses Princip ist zuerst von R. Bunsen[1] zur Bestimmung des specifischen Gewichtes der Gase verwendet worden; N. H. Schilling[2] hat später einen bequemen Apparat zusammengestellt, der zwar in erster Linie dazu bestimmt ist, das specifische Gewicht des Leuchtgases zu ermitteln, der sich aber auch für alle anderen in Wasser wenig löslichen Gase und Gasgemische benutzen lässt.

N. H. Schilling's Apparat zur Bestimmung der Ausströmungsgeschwindigkeit von Gasen (Fig. 41) besteht aus einer cylindrischen Glasröhre A von 40^{mm} innerem Durchmesser und 450^{mm} Länge. Das obere Ende derselben ist in einen Messingdeckel eingekittet, durch welchen das Einströmungsrohr a einmündet und der in seiner Mitte das Ausströmungsrohr b trägt, während zugleich ein Thermometer durch ihn hindurchgeht und mit seinem unteren Ende in denselben hineinreicht. Das Einströmungsrohr a ist ein Messingrohr von 3^{mm} lichter Weite, oben umgebogen und mit einem Hahn versehen. Es wird durch

[1] R. Bunsen, Gasometrische Methoden. 2. Aufl. 184.

[2] N. H. Schilling, Handb. d. Steinkohlengasbeleuchtung. 3. Aufl. 100.

einen Gummischlauch mit der Gasquelle in Verbindung gesetzt. Das Ausströmungsrohr b ist 12^{mm} weit und oben mittelst einer Platte von Platinblech geschlossen. Im Centrum dieser Platte befindet sich eine mittelst einer sehr feinen Nadel hergestellte und nachher ausgehämmerte Oeffnung, welche dem Gase als Aus-strömungsöffnung dient. Das

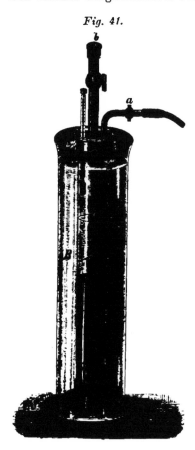

Fig. 41.

Rohr hat einen Hahn, durch welchen der Cylinder abge-schlossen, durch welchen ferner die Verbindung zwischen dem Cylinder und der Ausströmungs-öffnung hergestellt und durch den endlich die Verbindung des Cylinders mit der äusseren Luft bewirkt werden kann. BB ist ein cylinderförmiges Gefäss von 125^{mm} innerer Weite, welches so weit mit Wasser gefüllt wird, dass dieses bis nahe an den oberen Rand tritt, sobald der innere Cylinder, mit Luft oder Gas gefüllt, in dasselbe ein-gesenkt wird. Dieser Wasser-stand ist durch eine Marke am Glase bezeichnet. Der innere Cylinder hat zwei ringsum-laufende Marken c und c_1, deren Entfernung von einander 300^{cm} beträgt und von denen c_1 um 60^{mm} von dem unteren Rande des Cylinders entfernt ist.

Um mit Hilfe dieses Appa-rates die Ausströmungsgeschwin-digkeit und damit das specifische Gewicht eines Gases zu be-stimmen, muss man zunächst wissen, welche Zeitdauer nöthig ist, um ein im Cylinder A abgeschlossenes, durch die Marken c und c_1 begrenztes Luftvolumen durch die Durchbohrung der Platin-platte abströmen zu lassen. Man füllt das Gefäss B bis zur Marke mit Wasser und senkt sodann den mit atmosphärischer Luft gefüllten, unten offenen und mit einem gleichzeitig die Führung bildenden Metallfuss versehenen Cylinder A in vertikaler

Stellung in dasselbe ein, wobei das Wasser zunächst noch unterhalb der Marke c_1 stehen bleibt. Nun öffnet man den Hahn am Ausflussrohr, damit soviel Luft durch die Oeffnung in der Platinplatte entweiche, bis der Wasserstand im Cylinder A genau mit der Marke c_1 zusammenfällt. Von diesem Augenblicke ab beginnt man eine Sekundenuhr oder ein Sekundenpendel zu beobachten und lässt nun in gleicher Weise solange Luft durch den geöffneten Hahn und die Platinplatte ausströmen, bis der Wasserstand im Cylinder A die obere Marke c erreicht hat, was nach Ablauf von etwa 4 Minuten der Fall sein wird. Die erforderliche Zeitdauer beobachtet man genau und notirt sie in Sekunden.

Um nun das specifische Gewicht des zu untersuchenden Gases zu bestimmen, verfährt man mit letzterem in ganz gleicher Weise. Durch den Hahn a füllt man den Cylinder, ihn vorübergehend im Sperrwasser emporhebend, mit dem Gase, entleert ihn wieder durch den Hahn b, indem man denselben in directe Communication mit der äusseren Luft setzt und wiederholt dieses Füllen und Entleeren mehrmals, bis man vollkommener Verdrängung der im Cylinder enthaltenen Luft sicher ist. Dann stellt man auf die Marke c_1 ein und bewirkt wie oben das Ausströmen des Gases durch die Oeffnung der Platinplatte bis der Flüssigkeitsstand die Marke c erreicht hat. Die hierzu erforderliche Zeit wird wiederum, in Sekunden ausgedrückt, notirt.

Angenommen, man habe den vorbeschriebenen Versuch vergleichsweise mit atmosphärischer Luft und mit Kohlensäuregas gemacht und es habe die Ausströmungszeit betragen bei

> Luft . . . . 285 Sekunden (t)
> Kohlensäure . 360 » (t_1),

so wäre, gemäss obiger Formel

$$s_1 = \frac{t_1{}^2}{t^2} = \frac{129600}{81225} = 1{,}596.$$

Das gefundene specifische Gewicht entspricht somit demjenigen der reinen Kohlensäure, d. h. das verwendete Gas enthielt 100 Proc. CO_2.

Angenommen nun, man habe in gleicher Weise ein Gemisch von Luft und Kohlensäure zu untersuchen, um aus seinem specifischen Gewichte dessen Kohlensäuregehalt ableiten zu können. Die Ausströmungszeit soll gefunden worden sein bei

> Luft . . . . 285 Sekunden (t)
> Gasgemenge . 305 » (t_1).

so ist

$$s_1 = \frac{t_1{}^2}{t^2} = \frac{93025}{81225} = 1{,}145.$$

Bezeichnet man die Differenz zwischen den specifischen Gewichten von Kohlensäure und Luft mit d, diejenige zwischen den specifischen Gewichten des untersuchten Luft-Kohlensäuregemisches und der Luft mit d_1, so entspricht

$$\frac{d_1 \cdot 100}{d}$$

dem Gehalte des untersuchten Gases an Kohlensäure, also im vorliegenden Falle

$$\frac{d_1 \cdot 100}{d} = \frac{(1{,}145 - 1{,}000) \cdot 100}{1{,}596 - 1{,}000} = 24{,}3 \text{ Vol.-Proc. } CO_2.$$

b. Bestimmung des specifischen Gewichts eines Gases durch directe Wägung desselben unter Anwendung der Gaswage. — Densimetrische Methode der Gasanalyse.

Zur directen Wägung von Gasen bedient man sich der patentirten Gaswage von Friedrich Lux[1] in Ludwigshafen am Rhein (Fig. 42). Dieselbe besteht aus einem Wagebalken, dessen einer Schenkel durch ein Gaszuleitungsrohr gebildet wird, mit dessen Hilfe sich von der Achse aus eine dasselbe umschliessende Glaskugel von 2 l Inhalt füllen lässt, während der andere Schenkel in einen mit Gegengewicht beschwerten, gegen eine Skala gerichteten Zeiger ausläuft. Die Einrichtung ist so getroffen, dass das zu wägende Gas der Glaskugel durch einen Schlauch stetig zugeführt werden und durch einen zweiten eben so stetig aus derselben abströmen kann. Nimmt der Wagebalken bei Füllung der Kugel mit gewöhnlicher Luft eine beliebige, bestimmte Stellung ein, die man durch geeignete Verschiebung des Gegengewichtes auf den Theilstrich 1 der Skala fixiren kann, so wird bei Eintritt eines schwereren Gases in die Kugel dieser Theil des Wagebalkens schwerer werden und daher sinken, bei Eintritt eines leichteren Gases aber leichter werden und deshalb steigen, während der Zeiger die umgekehrte Bewegung macht und die eingetretene Gewichtsdifferenz an der Skala direct abzulesen gestattet.

---

[1] Friedrich Lux, Die Gaswage. Ludwigshafen am Rhein, 1887.

Die Lux'sche Gaswage dient gleich dem Schilling'schen Apparate zur Zeit hauptsächlich zur Bestimmung des specifischen Gewichts des Leuchtgases, könnte aber vielleicht auch in solchen Fällen Anwendung finden, wo es sich darum handelt, die Beschaffenheit anderer Gasgemenge, z. B. diejenige von Verbrennungsgasen, Röstgasen, Kalkofengasen, durch das specifische Gewicht zu controliren, um solchergestalt einen Rückschluss auf den Verlauf des Betriebes, dem sie entstammen, zu gewinnen. In solchem Falle müsste ein continuirliches Durchsaugen des fraglichen Gases durch den Glasballon der Gaswage herbeigeführt werden und es würden sich dann erhebliche Betriebsunregelmässigkeiten sofort durch den veränderten Zeigerstand verrathen. Natürlich

Fig. 42.

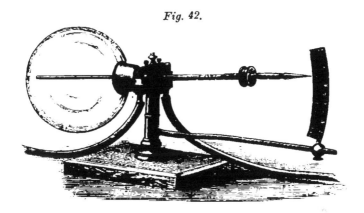

müsste vorher der den günstigsten Betriebsverhältnissen entsprechende Zeigerstand ein- für allemal festgestellt werden und man erhielte auf solche Weise eine Controle, die, selbst wenn sie nicht zur Ziffer gebracht würde, sich in gewissen Fällen als bequem und zweckmässig erweisen könnte.

Weniger aussichtsvoll erscheint die von Friedrich Lux[1] in Anregung gebrachte densimetrische Methode der Gasanalyse, die auf der Thatsache fusst, dass das specifische Gewicht eines Gasgemenges Veränderung erfährt, sobald letzterem ein Gasbestandtheil auf irgend eine Weise, z. B. auf dem Wege der Absorption, entzogen wird. Bezeichnet man mit s_1 das specifische Gewicht des zu untersuchenden Gasgemenges, mit s_2 dasjenige des daraus entfernten Gasbestandtheils, mit s_3 dasjenige

---

[1] Friedrich Lux, Die Gaswage. Ludwigshafen am Rhein, 1887, 17.

des Garestes, so ist $s_1 = x\,s_2 + (1-x)\,s_3$ und daraus ergiebt sich die Menge des entfernten Gases zu

$$x = \frac{s_1 - s_3}{s_2 - s_3}.$$

Die Ausführung des Verfahrens erfolgt derart, dass man das zu untersuchende Gas zunächst eine Gaswage, dann, zur Entziehung eines Gasbestandtheils, einen Absorptionsapparat, dann wieder eine Gaswage u. s. f. passiren lässt und die abgelesenen specifischen Gewichte in vorstehende Gleichung einsetzt.

Angenommen, es würde ein Röstgas von der Zusammensetzung

7 Vol.-Proc. SO_2

10 » » O

83 » » N

der densimetrischen Untersuchung unterworfen. In diesem Falle würde das specifische Gewicht des Gases $s_1 = 1{,}0726$ sein, denn es wiegen im Normalzustande gedacht:

7 l $SO_2 = 2{,}8627 \cdot 7 = 20{,}04$ g

10 » $O\ \ = 1{,}4300 \cdot 10 = 14{,}30$ »

83 » $N\ \ = 1{,}2562 \cdot 83 = 104{,}26$ »

$\overline{\text{100 l Röstgas} \qquad\qquad = \overline{138{,}60\ \text{g},}}$

oder 1 l Röstgas 1,3860 g,

dagegen 1 » Luft   1,2922 »

Folglich specifisches Gewicht des Röstgases

$$s_1 = \frac{1{,}3860}{1{,}2922} = 1{,}0726.$$

Nachdem das specifische Gewicht s_1 mit Hilfe der ersten Gaswage ermittelt worden ist, führt man das Gas durch einen mit Kalilauge beschickten Absorptionsapparat, in welchem die schweflige Säure, deren specifisches Gewicht ($s_2 = 2{,}2113$) bekannt ist, zur Rückhaltung gelangt. Der nichtabsorbirbare, aus Sauerstoff und Stickstoff bestehende Gasrest tritt in eine zweite Gaswage über, welche sein specifisches Gewicht s_3 angiebt. Da dieser Gasrest aus

10 Vol. O

83 » N

$\overline{\text{93 Vol.}}$

oder, auf 100 Vol.-Proc. und Liter berechnet, aus

10,75 l O

89,25 » N

$\overline{\text{100,00 l}}$

besteht, so berechnet sich sein specifisches Gewicht, wie folgt:

$$10,75 \ l \ O = 1,4300 \cdot 10,75 = 15,37 \ \text{g}$$
$$\underline{89,25 \ \text{»} \ N = 1,2562 \cdot 89,25 = 112,12 \ \text{»}}$$
$$\overline{100,00 \ l \ \text{Gasrest}} = \overline{127,49 \ \text{g.}}$$

$$1 \ l \ \text{Gasrest} = 1,2749 \ \text{g}$$
$$1 \ \text{»} \ \text{Luft} = 1,2922 \ \text{»}$$

Also specifisches Gewicht des Gasrestes

$$s_3 = \frac{1,2749}{1,2922} = 0,9866.$$

Es ist demnach:

$$s_1 = 1,0726$$
$$s_2 = 2,2113$$
$$s_3 = 0,9866.$$

Setzt man diese Werthe in obige Gleichung ein, so ergiebt sich, dass 1 Vol. Gas enthält:

$$x = \frac{1,0726 - 0,9866}{2,2113 - 0,9866} = 0,07 \ \text{Vol.} \ SO_2,$$

dass also in dem untersuchten Röstgase 7 Vol.-Proc. SO_2 enthalten gewesen waren.

4. Einrichtung und Ausstattung des Arbeitslocals.

Durchaus nicht immer bildet ein regelrecht eingerichtetes Laboratorium die Arbeitsstätte Desjenigen, dem die Durchführung von Gasuntersuchungen für technische Zwecke obliegt. An den verschiedensten Punkten, in der Nähe von Oefen, Canälen und Schornsteinen, auf offenen Höfen, im freien Felde, ja unter der Erde kann er genöthigt sein, seine Apparate aufzustellen, um Gasproben wegzunehmen und sie womöglich gleich an Ort. und Stelle zu untersuchen. Es scheint erklärlich, dass beim Arbeiten auf solchen fliegenden Stationen die Genauigkeit des Resultats durch die Ungunst der Verhältnisse erheblich beeinträchtigt werden kann, weil es unter Umständen ganz unmöglich ist, äussere störende Einflüsse fernzuhalten.

Anders im Laboratorium. Hier kann und muss für alle die Vorkehrungen Sorge getragen werden, welche ein nicht nur rasches und bequemes, sondern auch genaues Arbeiten möglich machen, und in gewissem, mehr oder minder weit gehendem Grade werden sich diese auch auf interimistische Verhältnisse übertragen lassen.

Als Arbeitsraum wähle man ein Zimmer, welches möglichst geringen Temperaturschwankungen ausgesetzt ist. Seine Mauern sollen starkwandig und der Bestrahlung durch die Sonne nicht zu sehr ausgesetzt sein, die Fenster sollen viel Licht geben und thunlichst nach Norden liegen. Soweit dasselbe geheizt werden muss, empfiehlt es sich, zur Heizung einen Regulirofen anzuwenden und diesen schon am Abend anzuzünden, damit über Nacht eine gleichmässige Durchwärmung des Raumes und der darin befindlichen Gegenstände eintritt und tagsüber die störende Einwirkung strahlender Wärme nach Möglichkeit vermieden wird. W. Hempel empfiehlt, die Heizung dadurch zu bewerkstelligen, dass man, vom kältesten Punkte des Arbeitsraumes ausgehend, ein dünnwandiges eisernes Ofenrohr in der Mitte des Zimmers den Fussboden entlang legt, es dann an der Wand in die Höhe führt und nahe der Decke nach aussen münden lässt. Die Erwärmung bewirkt man durch zwei am Anfang dieses Rohres befindliche Gasbrenner, im aufwärts gerichteten Rohrtheile bringt man ein Lockflämmchen an. Das Rohr besteht zweckmässig nur soweit aus Eisenblech, als es handwarm wird, der übrige Theil kann aus Pappe hergestellt werden, die gegen die Verbrennungsproducte des Leuchtgases minder empfindlich ist, als das Eisen. Es genügt eine solche Vorrichtung zur Heizung eines Zimmers von 60^{cbm} Inhalt.

Die Temperatur der Apparate, Reagentien, Sperr- und Absorptionsflüssigkeiten soll mit derjenigen des Arbeitsraumes übereinstimmen, weshalb man sie in demselben und nicht in einem gesonderten Locale aufbewahrt. Um überall gleichmässig temperirtes Sperrwasser zur Verfügung zu haben, bringt man etwa $1{,}5^m$ über Tischhöhe in entsprechenden Abständen an der Wand Consolen an, auf welchen sich Glasflaschen oder lackirte Blechgefässe befinden, die stetig mit destillirtem oder mit reinem, klarem Brunnenwasser gefüllt erhalten werden. Dieselben haben am Boden eine Tubulatur, die zur Aufnahme eines Kautschukpfropfens mit nicht zu engem, rechtwinkelig nach unten gebogenem Glasrohr dient, an welches sich ein auf den Arbeitstisch herabhängender Gummischlauch anschliesst, der ein gläsernes Mundstück und dicht darüber einen kräftigen Quetschhahn trägt. Während des Nichtgebrauches stellt man das Mundstück in einen kleinen, an die Wand befestigten Glasnapf, wodurch das Hin- und Herschwanken des Schlauches und das Abtropfen von Wasser vermieden wird.

Die Arbeitstische sind mit Schubkästen versehen, in welchen die erforderlichen Vorräthe an Kautschukschlauch von verschiedener Weite, an Glas-, Capillar-, Verbrennungsröhren, T- und Verbindungsstücken, Quetschhähnen, Reagenspapieren u. dgl. m. aufbewahrt werden. Einzelne kleine Tische umgiebt man mit einer ringsum laufenden, abgeschrägten Holzleiste, lässt sie nach der Mitte zu abfallen und schneidet am tiefsten Punkte eine kreisrunde Oeffnung ein, in welche ein Glastrichter mit Abfallrohr eingesetzt wird. Hierauf belegt man die Tischplatte mit dünnem Bleiblech, schneidet über dem Trichter eine Abflussöffnung in dasselbe und legt es gleichmässig an die innere Trichterwandung an. In gleicher Weise wird es an der äusseren Begrenzung der Holzleiste umgefalzt. Derartig vorgerichteter Tische bedient man sich beim Arbeiten mit ätzenden Flüssigkeiten, die man dann ohne Weiteres abfliessen lassen und durch Nachspülen mit Wasser beseitigen kann.

Das Laboratorium muss mit Wasserleitung zum Füllen der Standgefässe, Gasometer und Aspiratoren, sowie zum Betriebe der hydraulischen Saugvorrichtungen und mit Wascheinrichtung zum Reinigen der Apparate versehen sein. Durch das Arbeitszimmer läuft ferner eine Leuchtgasleitung, von der sich an geeigneten Stellen Hähne verschiedenen Kalibers abzweigen. Die kleineren derselben liefern das Gas zur Erhitzung der Verbrennungscapillaren, die grösseren speisen die den Verbrennungsöfen zugehörigen Brenner. Im Laboratorium der Freiberger Bergakademie befindet sich auch eine Leitung für die zu Uebungsarbeiten bestimmten Gasgemische, welche in grossen, 150 l fassenden Gasometern aufbewahrt und den einzelnen Arbeitsplätzen zugeführt werden. Ebenso ist eine Luftleitung vorhanden, welche in bequemer Weise die zum Auswaschen der Verbrennungs- und Absorptionsapparate erforderliche, dem Freien zu entnehmende Luft liefert. Laboratoriumsluft ist namentlich ihres oft sehr merkbaren Gehaltes an Leuchtgas halber nicht zu brauchen.

Barometer, Thermometer, Correctionsapparat, sowie das für genauere Ablesungen erforderliche Kathetometer müssen ebenfalls geeignete Aufstellung, letzteres am besten solche auf einem gemauerten Pfeiler finden.

Ausser Mess-Absorptions- und Verbrennungsapparaten verschiedener Construction, galvanischer Batterie, Inductionsapparat, Aufbewahrungsgefässen für Rea-

gentien, Absorptions- und Titerflüssigkeiten, müssen endlich in ausreichender Menge und Auswahl Büretten, Pipetten,
Messkolben, graduirte Cylinder, überhaupt alle die Gegenstände vorhanden sein, deren man zur Ausführung titrimetrischer
Arbeiten bedarf. Häufig benutzte oder veränderliche Titerflüssigkeiten bringt man am besten in einer Zu- und Abflussbürette zur Abmessung, welche nebst der zugehörigen Vor-
rathsflasche ein- für- allemal aufgestellt worden ist und welche
man erforderlichenfalls mit Schwimmer versehen kann.[1]

---

[1] Vergl. Cl. Winkler, Prakt. Uebungen in der Maassanalyse, 17.

Dritter Abschnitt.

Apparate und Methoden zur Ausführung gasanalytischer Untersuchungen.

I. Bestimmung fester und flüssiger Beimengungen.

Gasförmige Untersuchungsobjecte, insbesondere diejenigen, welche die Grossindustrie liefert, bestehen durchaus nicht immer aus reinen Gasen, vielmehr sind ihnen häufig Substanzen von anderem Aggregatzustand beigemengt, welche von ihnen mechanisch mit fortgeführt wurden und die durch Ruhe, Filtration oder Waschung zur Zurückhaltung gebracht werden können. Diese Beimengungen treten theils in fester, theils in flüssiger Gestalt auf, letzterenfalls immer mehr oder minder in verdampftem Zustande.

Obwohl die Gegenwart solcher Stoffe in einem Gase in vielen Fällen ohne merkbaren Einfluss auf dessen Volumen und deshalb auch auf das Ergebniss der gasvolumetrischen Analyse ist, kann es doch wünschenswerth sein, sie daraus zu entfernen und gleichzeitig ihrer Menge nach zu bestimmen. Entfernung wie Bestimmung pflegt man mit der Wegnahme der Gasprobe zu verbinden, welcher dann selbstverständlich die Messung des abgesaugten Gases folgen muss. Macht sich, wie das häufig der Fall ist, eigens zu diesem Zwecke die Anwendung eines verhältnissmässig grossen Gasvolumens nöthig, so ermittelt man dieses entweder mit Hilfe eines Gasmessers oder eines Aspirators, letzterenfalls durch Messung der aus diesem ausgeflossenen Wassermenge. Der Gasmesser nebst der zugehörigen Saugvor-

vorrichtung oder der Aspirator bilden dann immer den Schluss
des Bestimmungsapparates.

Feste Beimengungen bestehen vielfach, wie bei den sogenannten Rauchgasen, nur aus Russ, in anderen Fällen aus
Staub, welcher letztere je nach Ursprung die verschiedenste
Zusammensetzung haben kann, wie z. B. Erz-, Metall-, Farben-
staub, oder Hadern-, Mehl-, Kohlen-, Schiesspulver-
staub, oder Flugstaub aus Röst- und Gichtgasen, in
welchem Oxyde, Sulfide, Sulfate, Chloride, wohl auch Jodide verschiedener Metalle aufzutreten pflegen.

Die Menge des in einem Gase enthaltenen Staubes kann
natürlich ausserordentlich wechseln. So fand z. B. Josef Fodor
in der freien Stadtluft von Budapest, 5 m über dem Strassen-
niveau pro cbm

    im Winter . . . . 0,00024 g Staub,
    » Frühling . . . . 0,00035 »   »
    » Sommer . . . . 0,00055 »   »
    » Herbst . . . . 0,00043 »   »
die Stadtluft von Paris enthält nach Tissandier in 1^{cbm}
    nach achttägiger Trockenheit 0,0230 g Staub
        » starkem Regen . . . 0,0060 »   »
    W. Hesse fand in je 1^{cbm}
Luft aus einer Wohn- und Kinderstube . . 0,0016 g Staub,
    »   » dem Hadernsaal einer Papierfabrik 0,0229 »   »
    »   »   » Putzraum einer Eisengiesserei 0,1000 »   »
    F. M. Stapff in 1^{cbm}
Luft aus dem Gotthardtunnel beim
    Bau desselben . . . . . 0,375 bis 0,873 g Staub,
    C. Stöckmann in 1^{cbm}
Hohofengas . . . . 1,9000 g Staub,
    A. Scheurer-Kestner in 1^{cbm} Rauchgas von einer Stein-
kohlenfeuerung
bei lebhaftem Feuer . . . 0,2209 g Kohlenstoff als Russ,
    » gedämpftem Feuer . . 0,9649 »   »   »   »
    O. Krause in 1^{cbm}
Luft einer Phosphor-Zündholzfabrik 0,004 bis 0,005 g Phosphor.

Man wird demnach je nach dem Staubgehalte eines Gases
wechselnde und bisweilen sehr beträchtliche Volumina des
letzteren für die Bestimmung zu verwenden haben, insbesondere
dann, wenn es sich nicht nur um die blosse Bestimmung des

Staubgehaltes, sondern auch um die Gewinnung von genügendem Material für die hinterherige mikroscopische oder chemische Untersuchung des Staubes zum Zweck der Bemessung seiner Gesundheitsschädlichkeit, seines Werthes oder seiner sonstigen Eigenschaften, z. B. seiner Entzündlichkeit, handelt, welche letztere bekanntlich von Einfluss auf die Entstehung von Gruben- und Mühlenexplosionen ist.

Die Zurückhaltung des einem Gase staubförmig beigemengten festen Körpers erfolgt auf dem Wege der Filtration. Selbst die kleinsten Partikel, wie sie z. B. im Rauche in einer anfänglichen Grösse von nach L. J. Bodaszewsky nur 0,0002 bis 0,0030^{mm} auftreten, lassen sich bei geeignetem Filtrirmaterial und ausreichender Filtrirfläche aus einem nicht zu raschen Gasstrom absondern. Eine besonders wirksame Filtrirschicht bildet gekrempelte Baumwolle; wo diese, wie bei sauren Gasen, nicht anwendbar ist, benutzt man Schiessbaumwolle oder weiches, gekräuseltes, am besten böhmisches Glasgespinnst. Mit diesem Material füllt man ein gewöhnliches Chlorcalciumrohr, bringt dieses sodann in ein Luft- oder Wasserbad und trocknet seinen Inhalt bei 100° während man einen Luftstrom hindurchsaugt solange, bis das Gewicht sich nicht mehr verändert. Sodann schaltet man dieses Rohr zwischen Gasentnahmestelle und Aspirator oder Gasuhr ein, saugt je nach Beschaffenheit des Staubes langsamer oder schneller ein angemessenes, bis 1^{cbm} in 24 Stunden betragendes Gasvolumen hindurch, trocknet wieder bei 100° und ermittelt die eingetretene Gewichtszunahme. Die etwa erwünschte chemische Untersuchung des zurückgehaltenen, der Hauptsache nach an der Eintrittsstelle des Gases abgelagerten Staubes erfolgt nach den bekannten analytischen Methoden.

Handelt es sich um die Bestimmung des Russgehaltes von Rauchgasen, so saugt man besser ein bekanntes Gasvolumen durch ein mit einer 20^{cm} langen Asbestschicht gefülltes Rohr aus strengflüssigem Glase, bewirkt hierauf die Verbrennung des abgelagerten Russes im Sauerstoffstrom und bringt nach dem bei der Elementaranalyse befolgten Verfahren die entstandene Kohlensäure in einem Kaliapparate zur Absorption und Wägung. Selbstverständlich hat man hierbei vor dem Kaliapparate ein Chlorcalciumrohr einzuschalten.

In gasförmigen Heiz- und Leuchtmaterialien tritt als an sich fester, in diesem Fall jedoch verdampfter Nebenbestandtheil Naphtalin auf, für welches es zur Zeit noch an einer sicheren

Bestimmungsmethode fehlt, dessen Menge aber nach Tieftrunk in engem Zusammenhange mit dem Ammoniakgehalte des Gases steht und mit diesem in allerdings unbekanntem Verhältnisse steigt und fällt, so dass das Ergebniss der Ammoniakbestimmung in solchen Gasen einen ungefähren Rückschluss auf deren Naphtalingehalt gestattet.

Flüssige Beimengungen pflegen einem Gase zumeist in Dampfgestalt anzuhaften, können aber, wenn die Gasprobe heiss entnommen wird, in Folge der dabei eintretenden Abkühlung theilweise zur Condensation gelangen. Die Condensation ist nie so vollständig, dass sie die Bestimmung der verdichtbaren Substanz gestattete, vielmehr muss sie immer noch durch Absorption oder durch Waschung vervollständigt werden, die Menge des auf solche Weise zurückgehaltenen ·Gasbestandtheils wird sodann durch Wägung ermittelt.

Wasser bestimmt man durch Absorption in einem gewogenen Chlorcalciumrohr; Quecksilber durch Einschaltung einer mit Blattgold gefüllten, gewogenen Röhre; Schwefelsäure, wie sie als solche oder als Schwefelsäureanhydrid neben schwefliger Säure in Röstgasen aufzutreten pflegt, durch maassanalytische Ermittelung der Gesammtsäure ($SO_3 + SO_2$) und Subtraction des durch Titrirung gefundenen Betrages an schwefliger Säure; Schwefelkohlenstoff durch Ueberführung desselben in Schwefelwasserstoff (s. d.) und titrimetrische Bestimmung desselben; Theer durch Absorption mittelst Alkohol von 25 bis 30 Gew.-Proc. in einem von Tieftrunk[1] angegebenen Apparate, sicherer vielleicht in einer G. Lunge'schen Zehnkugelröhre, Verdunsten des Alkohols in einem gewogenen Gefässe bei gewöhnlicher Temperatur und Wägung des Rückstandes unter Hinzurechnung eines Drittels vom Gewichte desselben, welches erfahrungsmässig der Menge der mit zur Verdunstung gelangten Leichtöle, insbesondere Benzol und Toluol, entspricht. Letztere und andere bei der trockenen Destillation der Steinkohle auftretende leichtsiedende Kohlenwasserstoffe, wie z. B. Butylen u. a. m. bestimmt man in der beim Aethylen beschriebenen Weise durch Absorption oder Verbrennung.

Die bei der Sprengarbeit mit Dynamit entstehenden, Kopfschmerz und andere Beschwerden verursachenden Gase verdanken

---

[1] Tieftrunk, in Cl. Winkler, Anleit. z. chem. Untersuch. der Industrie-Gase. II, 52.

diese Wirkung einem Gehalte an feinzerstäubtem Nitroglycerin, der, soweit die vorliegenden, freilich noch mangelhaften Erfahrungen reichen, ebenfalls durch Alkohol zur Absorption und durch Verdunsten der Lösung bei gewöhnlicher Temperatur zur Bestimmung gebracht werden kann.

II. Bestimmung von Gasen auf dem Wege der Absorption.

1. Directe gasvolumetrische Bestimmung.

A. Absorptionsmittel für Gase.

Die gasvolumetrische Bestimmung eines Gases auf dem Wege der Absorption ist eine Differenzbestimmung. Sie erfolgt in der Weise, dass man einem bekannten Volumen des zu untersuchenden Gasgemenges unter Anwendung eines geeigneten Absorptionsmittels den absorbirbaren Gasbestandtheil entzieht, hierauf den verbliebenen, nichtabsorbirbaren Gasrest zur Messung bringt und sein Volumen von dem Volumen des ursprünglichen Gases subtrahirt.

Die als Absorptionsmittel dienenden Substanzen verwendet man fast durchweg in gelöstem Zustande und giebt ihren Lösungen eine angemessene, oft ziemlich beträchtliche Concentration insbesondere dann, wenn dieselben fortgesetzt zur Anwendung kommen sollen. Die fortgesetzte Anwendung einer und derselben Absorptionsflüssigkeit bis nahe zur Erschöpfung empfiehlt sich aber schon um deshalb, weil alle Gase, also auch die nicht chemisch absorbirbaren Bestandtheile eines Gasgemisches, in zwar geringfügigem, immerhin aber merkbarem Grade von wässerigen Flüssigkeiten mechanisch gelöst werden. Infolgedessen findet man bei Anwendung eines frisch bereiteten Absorptionsmittels den Gehalt an absorbirbarem Gas etwas zu hoch und dieser Fehler vermag erst dann nicht mehr einzutreten, wenn sich die Flüssigkeit mit dem mechanisch löslichen Gase gesättigt hat.

Für verschiedene Gase verwendet man, soweit sie überhaupt der besonderen Aufführung bedürfen und ihre Bereitungsweise angegeben werden muss, folgende Absorptionsmittel.

5*

a. Absorptionsmittel für Kohlensäure.

Kohlensäure wird leicht und schnell durch eine Auflösung von Kaliumhydroxyd aufgenommen. Man löst 250 g käufliches, möglichst reines, aber nicht durch Alkohol gereinigtes Aetzkali im Wasser und verdünnt die Lösung auf 1 l. 1^{ccm} der so erhaltenen Kalilauge pflegt, da das Aetzkali des Handels stets wasserhaltig ist, statt 0,25 g nur 0,21 g KOH zu enthalten und vermag demgemäss 0,083 g $= 42^{ccm}$ Kohlensäuregas zu absorbiren. Die Absorption ist in 1 Minute sicher, meist aber schon viel früher beendet und es ist zwecklos, sie, wie Vivian B. Lewes[1] empfiehlt, 10 Minuten lang andauern zu lassen. Für manche Zwecke, z. B. für das Arbeiten mit der Bunte'schen Gasbürette, genügt auch schon eine dünnere Kalilauge, in anderen Fällen, wie bei Anwendung des Orsat'schen Apparates kann eine stärkere am Platze sein, doch wächst mit der Concentration auch die Consistenz und die angreifende Wirkung auf die Glasgefässe. Eine Auflösung von Kaliumhydroxyd lässt sich auch zur Absorption anderer saurer Gase, wie z. B. Chlor, Chlorwasserstoff, Schwefelwasserstoff, schwefliger Säure, benutzen. Natronlauge hat dieselbe Wirkung, äussert aber stärkeren Angriff auf Glas und ist deshalb minder empfehlenswerth.

b. Absorptionsmittel für schwere Kohlenwasserstoffe.

Die bei der technischen Untersuchung von Gasen in Betracht kommenden schweren Kohlenwasserstoffe sind die sogenannten Olefine von der allgemeinen Formel $C_n H_{2n}$, namentlich Aethylen, $C_2 H_4$, Propylen, $C_3 H_6$, Butylen, $C_4 H_8$, und die aromatischen Kohlenwasserstoffe von der allgemeinen Formel $C_n H_{2n} - 6$, die ihre Hauptvertreter im Benzol, $C_6 H_6$ und im Toluol, $C_7 H_8$, finden. Untergeordnet können auch auftreten Kohlenwasserstoffe der Reihe $C_n H_{2n} - 2$, z. B. Acetylen $C_2 H_2$.

In der ersten Auflage des vorliegenden Buches ist nach Berthelot's[2] Vorgang empfohlen worden, die der Aethylenreihe angehörenden Kohlenwasserstoffe durch Bromwasser, die der Benzolreihe angehörenden aber sodann durch rauchende Salpeter-

---

[1] Vivian B. Lewes, Journ. of the Society of Chemical Industry 1891, May 30, 407.

[2] Berthelot, Compt. rend., 83, 1255.

säure zur Absorption zu bringen und auf solche Weise eine Trennung Beider zu erzielen. Von H. Drehschmidt[1] ist diese Trennungsweise aber verworfen worden und zwar mit Recht, denn eingehende Untersuchungen[2] haben ergeben, dass dieselbe eine ungenaue und deshalb werthlose ist, wie sich denn auch die von F. P. Treadwell und H. N. Stokes[3] beobachtete oxydirende Einwirkung der rauchenden Salpetersäure auf Kohlenoxyd bestätigt hat. Es bleibt deshalb zur Zeit nichts anderes übrig, als die in einem Gasgemenge enthaltenen schweren Kohlenwasserstoffe unter Verzichtleistung auf ihre Trennung von einander ihrer Gesammtheit nach zu bestimmen und hierzu bedient man sich rauchender Schwefelsäure von so beträchtlicher Concentration, dass sie beim Abkühlen auf 0° Krystalle von Pyroschwefelsäure ausscheidet. Dieselbe ist auf alle übrigen, bei gasanalytischen Arbeiten in Betracht kommenden Gase ohne Wirkung, doch erfordert ihre Anwendung insofern eine Nachbehandlung des Gasrestes, als dieser sich mit Dämpfen von Schwefelsäure und schwefliger Säure belädt, welche hinterher durch Kalilauge entfernt werden müssen. Man bewahrt die, übrigens mit Vorsicht zu handhabende, rauchende Schwefelsäure in einer einfachen Hempel'schen Gaspipette auf, die man mit einem locker sitzenden, am oberen Ende knopfartig verdickten Glasstab verschliesst, der beim Gebrauch nicht abgenommen wird.

Die der Reihe $C_n H_{2n}$ zugehörenden Kohlenwasserstoffe finden ihren Hauptvertreter im Aethylen, $C_2 H_4$, welches in Berührung mit rauchender Schwefelsäure (Pyroschwefelsäure, $H_2 S_2 O_7$) in Aethionsäure, $C_2 H_6 S_2 O_7$, übergeht. Eine rauchende Schwefelsäure von 1,9200 spec. Gew. bei 15° enthält 24,8 Proc. $H_2 S_2 O_7$ oder 21,1 Proc. SO_3; demgemäss würde 1 ccm derselben 0,0708 g $= 56$ ccm Aethylen absorbiren. Benzol wird durch rauchende Schwefelsäure in Benzolsulfonsäure, $C_6 H_6 S O_3$ umgewandelt. 1 ccm der vorgedachten Säure nimmt somit 0,3909 g $= 112$ ccm Benzoldampf auf. P. Mann stellte durch einen im hiesigen Laboratorium vogenommenen Versuch fest, dass 1 ccm derartiger rauchender Schwefelsäure bei andauernder Behandlung mit

---

[1] H. Drehschmidt, in Jul. Post, Chem.-techn. Analyse. 2. Aufl., Bd. 1, 108.

[2] Cl. Winkler, Zeitschr. f. analyt. Chemie. 28, 279.

[3] F. P. Treadwell und H. N. Stokes, Ber. d. deutsch. chem. Ges. XXI, 3131.

Leuchtgas eine Gewichtszunahme von 0,2388 g erfährt, während gleichzeitig vorübergehend ein weisser krystallinischer Körper zur Ausscheidung gelangt.

Erwähnt muss noch werden, dass nach E. St. Claire Deville[1] der Benzolgehalt eines Gases in nicht unerheblichem Grade durch das Sperrwasser oder durch die zur Absorption der Kohlensäure verwendete Kalilauge aufgenommen wird. Der dadurch verursachte Fehler lässt sich ermitteln, indem man Kohlensäure plus dem mitaufgenommenen Antheil des Benzols absorptiometrisch durch Kalilauge bestimmt, in einem zweiten Volumen des Gases aber die Kohlensäure allein und zwar auf titrimetrischem Wege ermittelt, wobei sich der Betrag an mitabsorbirtem Benzoldampf aus der Differenz ergiebt.

c. Absorptionsmittel für Sauerstoff.

Von der grossen Zahl der für die absorptiometrische Bestimmung des Sauerstoffs in Vorschlag gekommenen Substanzen[2] haben sich nur wenige wirklich bewährt und dauernd eingebürgert. Das gilt auch von der von Otto von der Pfordten[3] für diesen Zweck empfohlenen Auflösung von Chromchlorür, wie sie durch Auflösen von essigsaurem Chromoxydul in Salzsäure erhalten wird. An Wirksamkeit lässt dieselbe zwar nichts zu wünschen übrig, aber ihre Darstellung ist umständlicher und unbequemer als diejenige anderer, dem nämlichen Zweck dienender Absorptionsmittel. Von diesen können, als wirklich erprobt, folgende bezeichnet werden:

1) Phosphor. Man formt denselben zu dünnen Stangen, indem man ihn in einem Glascylinder unter warmem Wasser einschmilzt, so dass er eine 10 bis 15^{cm} hohe Schicht bildet, in diese eine 2 bis 3^{mm} weite Glasröhre eintaucht, sie am oberen Ende mit dem Zeigefinger verschliesst und darauf behend in ein mit kaltem Wasser gefülltes Gefäss überführt. Sowie der Phosphor erstarrt, vermindert sich auch sein Volumen so weit, dass man das in der zweckmässig schwach conischen Glasröhre sitzende

---

[1] E. St. Claire Deville, Journ. des usines à Gaz 1889, 13; Chemiker-Ztg. 1889, Rep. 264.

[2] Vergl. Cl. Winkler, Anleit. z. chem. Untersuchung der Industrie-Gase. II, 400.

[3] Otto von der Pfordten, Ann. d. Chem. 228, 112.

Stängelchen unter Wasser leicht herausstossen kann. Bei einiger Uebung lässt sich so in kurzer Zeit eine grössere Anzahl dünner Phosphorstangen herstellen, die man zuletzt unter Wasser in kürzere Stücke zerschneidet. Uebrigens ist Phosphor von dieser Gestalt von der Chemischen Fabrik von Dr. Th. Schuchardt in Görlitz käuflich zu beziehen.

Der Phosphor wird, nachdem man ein geeignetes Absorptionsgefäss, z. B. eine Hempel'sche tubulirte Gaspipette, damit gefüllt hat, unter vollständiger Bedeckung mit Wasser und möglichst unter Ausschluss des Lichtes aufbewahrt. Das Wasser dient dabei als Sperrmittel; verdrängt man es durch das der Untersuchung zu unterwerfende sauerstoffhaltige Gas, so kommt dieses mit dem feuchten Phosphor in Berührung und sofort beginnt die Sauerstoffabsorption unter Bildung weisser Nebel von phosphoriger Säure, die das Gas längere Zeit trüben, ohne jedoch sein Volumen zu beeinflussen. Nimmt man die Absorption in einem finsteren Raume vor, so zeigt sich ein schönes Leuchten, dessen Verschwinden, ebenso wie die Abklärung des Nebels, als Merkmal für ihre Beendigung dienen kann. Eine etwa zwei, höchstens drei Minuten lang andauernde, ruhige Berührung des Gases mit dem feuchten Phosphor pflegt unter gewöhnlichen Verhältnissen für eine Sauerstoffabsorption auszureichen. 1 g Phosphor nimmt beim Uebergang in phosphorige Säure 0,77 g = 538 ccm Sauerstoff auf und deshalb pflegt die Füllung der mit Phosphor beschickten Absorptionsgefässe jahrelang nachzuhalten. Das Sperrwasser, welches allmählich in eine Lösung von phosphoriger Säure und Phosphorsäure übergeht, kann man zeitweilig durch frisches ersetzen.

Die Absorption des Sauerstoffs durch Phosphor wird durch gewisse Umstände beeinflusst und zwar:

a. durch die Temperatur. Bei 18° bis 20° verläuft die Absorption in befriedigend rascher Weise, bei 12° bis 15° macht sich schon eine auffallende Verlangsamung bemerkbar, bei 7° hört sie fast auf. Die mit Phosphor gefüllten Absorptionsapparate müssen deshalb in kalter Jahreszeit vor der Anwendung auf Mitteltemperatur gebracht werden.

b. Durch den Partialdruck des Sauerstoffs. Reiner Sauerstoff unter dem Druck der Atmosphäre stehend, wird vom Phosphor nicht aufgenommen, die Absorption beginnt erst, wenn man ihn mit Hilfe der Luftpumpe auf etwa 75 Proc. des anfänglichen Druckes verdünnt, vermag dann aber auch mit grosser,

bis zum Auftreten von Lichtblitzen und zum Schmelzen des
Phosphors gehender Heftigkeit zu verlaufen. Ruhig und normal
vollzieht sich die Aufnahme des Sauerstoffs, wenn er mit mindestens dem gleichen Volumen eines anderen Gases verdünnt ist.
Handelt es sich also um die volumetrische Untersuchung eines
sauerstoffreichen Gases, z. B. des technisch dargestellten Sauerstoffs selbst, so muss man dieses, bevor man den Phosphor darauf
einwirken lässt, mit seinem gleichen Volumen reinen Stickstoffs
verdünnen, den man gleich einer mit Luft gefüllten Phosphor-
pipette entnehmen kann.

c. Durch die Gegenwart gewisser Gase und Dämpfe,
welche in noch unerklärter Weise die oxydirende Wirkung des
Sauerstoffs auf Phosphor zu verlangsamen, ja gänzlich aufzu-
heben vermögen. Hierzu gehören z. B. nach J. Davy, Graham,
Vogel[1] Phosphorwasserstoff, Schwefelwasserstoff, schweflige Säure,
Schwefelkohlenstoff, Jod, Brom, Chlor, Stickoxydul, Untersalpeter-
säure, Methan, Aethylen, Aether, Alkohol, Petroleum, Terpentinöl,
Eupion, Kreosot, Benzol, Theer und viele flüchtige Oele. Wie
stark der Einfluss zu sein vermag, geht daraus hervor, dass
beispielsweise schon $\frac{1}{1000}$ Vol. Phosphorwasserstoff, $\frac{1}{400}$ Vol.
Aethylen, $\frac{1}{4444}$ Vol. Terpentinöldampf genügen, Phosphor und
Sauerstoff gegenseitig wirkungslos zu machen. In Folge dieses
Verhaltens wird die Anwendung des Phosphors als Absorptionsmittel für Sauerstoff zu einer beschränkten und muss leider in
allen den Fällen ausgeschlossen bleiben, wo man, wie z. B. bei
der Analyse des Leuchtgases, das Vorhandensein derartig stören-
der Beimengungen mit einiger Sicherheit annehmen kann. Dagegen leistet sie ausgezeichnete Dienste bei der Untersuchung
der Luft, oder derjenigen von Verbrennungsgasen, Bleikammergasen u. s. w. Denn im Allgemeinen übertrifft der Phosphor
jedes andere zur Sauerstoffabsorption dienende Reagens an
Sicherheit und Schnelligkeit der Wirkung. Das Verdienst Otto
Lindemann's[2] ist es, der Sauerstoffbestimmung durch Phosphor
praktische Gestaltung gegeben zu haben.

d. Durch die Gegenwart verbrennlicher Gase. Die
Richtigkeit der von E. Baumann[3], sowie von Leeds[4] gemachten

---

[1] Gmelin-Kraut, Handb. d. Chemie. 6. Aufl., 1. Bd., 2. Abth. S. 112.
[2] Otto Lindemann, Zeitschrift f. analyt. Chemie. 1879, 158.
[3] E. Baumann, Ber. d. deutsch. chem. Ges. XVI, 2146.
[4] Leeds, Chem. News. 48, 25.

Angabe, dass Kohlenoxyd bei Gegenwart von Sauerstoff in Berührung mit feuchtem Phosphor theilweise Oxydation zu Kohlensäure erleide, ist von Ira Remsen und C. H. Keiser[1] bestritten, von E. Baumann[2] aber aufrecht erhalten worden. Auch Boussingault's[3] Versuche haben dargethan, dass bei der langsamen Verbrennung des Phosphors in sauerstoffhaltigen Gasgemengen ein kleiner Theil der etwa vorhandenen brennbaren Gase, z. B. Kohlenoxyd und Wasserstoff, mit dem Sauerstoff zum Verschwinden gelangt, es ist jedoch diese Mitverbrennung eine verhältnissmässig langsam verlaufende und vermag wenigstens bei der Methode der technischen Gasanalyse keinen Anlass zu bemerkbaren Fehlern zu geben.

2) Pyrogallussäure in alkalischer Lösung. Während die wässerige Lösung der Pyrogallussäure sich in Berührung mit Luft nur langsam verändert, nimmt sie nach dem Versetzen mit einem Alkali den Sauerstoff mit grosser Begierde auf, sich dabei erst roth, dann tief braun färbend. 1 g Pyrogallussäure absorbirt, mit Kalilauge versetzt, nach J. v. Liebig[4] 189,8^{ccm}, mit Ammoniak versetzt, nach J. W. Döbereiner[5] 266^{ccm} Sauerstoffgas; mit letzterer Angabe stimmt das Ergebniss von Versuchen überein, welche von P. Mann im hiesigen Laboratorium durchgeführt worden sind und demzufolge 1 g Pyrogallussäure gelöst in 20^{ccm} Kalilauge von 1,166 spec. Gew. in dem einen Falle 265,2^{ccm}, in einem zweiten 278,7^{ccm}, im Mittel 268,9^{ccm} Sauerstoff absorbirte.

Dieses Verhalten der Pyrogallussäure ist schon 1820 von Chevreul, später in vervollkommneter Weise von J. v. Liebig als eudiometrisches Mittel zur Bestimmung des Luftsauerstoffes verwerthet worden. Durch Th. Weyl und X. Zeitler[6] wurde nachgewiesen, dass die absorbirende Wirkung der Pyrogallussäure eine Function der Alkalescenz ihrer Lösung ist, dass aber die verwendete Kalilauge keine zu hohe Concentration besitzen darf, wenn die Absorptionsfähigkeit der Flüssigkeit nicht eine, wahrscheinlich durch eintretende Zersetzung der Pyrogallussäure bedingte, Abminderung erfahren soll. Kalilauge von 1,05 spec.

---

[1] Ira Remsen und C. H. Keiser, Amer. Chem. Journ. 1883, 454.

[2] E. Baumann, Ber. d. deutsch. chem. Ges. XVII, 283.

[3] Boussingault, Compt. rend. 58, No. 18, 777.

[4] J. v. Liebig, Ann. Chem. u. Pharm. 77, 107.

[5] J. W. Döbereiner, Gilb. Ann. 72, 203; 74, 410.

[6] Th. Weyl und X. Zeitler, Ann. Chem. u. Pharm. 205, 255.

Gew. erwies sich als geeignet, solche von 1,50 spec. Gew. als zu
stark. Nach eigenen Versuchen hat sich die zur Absorption der
Kohlensäure (S. 68) dienende Kalilauge, deren specifisches Gewicht 1,166 beträgt, als durchaus brauchbar erwiesen, wenn auf
1 l derselben 50 g Pyrogallussäure angewendet werden. 1 ^{ccm}
dieser Lösung vermag 13 ^{ccm} Sauerstoff aufzunehmen. Die Absorption selbst vollzieht sich zwar viel langsamer, als diejenige
der Kohlensäure, pflegt aber doch in drei Minuten beendet zu
sein, wenn man für möglichst innige Berührung zwischen Gas
und Flüssigkeit Sorge trägt und die Temperatur nicht unter
15° sinken lässt. Als Aufbewahrungsgefäss dient eine zusammengesetzte Gaspipette.

Bei der Oxydation der alkalischen Pyrogallussäurelösung
kann sich, wie Boussingault[1] und später Calvert und Cloëz[2]
gezeigt haben, eine geringe Menge Kohlenoxydgas bilden. Die
Menge des auftretenden Kohlenoxyds ist nicht constant, sondern
abhängig von der Energie, mit welcher der Absorptionsprocess
verläuft. Demnach liefert reiner Sauerstoff mehr davon als verdünnter, z. B. mit Stickstoff gemengter, und ebenso wächst die
Neigung zur Kohlenoxydbildung mit dem Concentrationsgrade
des angewendeten Absorptionsmittels. Für 100 Vol. reinen Sauerstoff erhielt Boussingault 3,4—1,02—0,40—0,60, Calvert
1,99—4,00, Cloëz 3,50 Vol. Kohlenoxyd; für 100 Vol. mit Stickstoff in wechselndem Verhältniss gemischten Sauerstoffs Boussingault 0,40, Cloëz 2,59 Vol. Kohlenoxyd. Demgemäss kann
man bei der Anwendung dieses Absorptionsverfahrens zur Untersuchung der atmosphärischen Luft nach Boussingault 0,1—0,2
ja selbst 0,4 Vol.-Proc. Sauerstoff zu wenig finden. Vivian
B. Lewes[3] empfiehlt, die alkalische Pyrogallussäure nicht öfter
als viermal anzuwenden, erst dann beginne sie, Kohlenoxyd abzugeben. Auch hält Derselbe es für nothwendig, sie zwölf Stunden
lang stehen zu lassen, bevor man sie benutzt, ohne indessen
dafür einen Grund anzugeben. Im Gegensatz zu Vorstehendem
vermochte Th. Poleck[4], welcher eine besondere Prüfung der
gedachten Fehlerquelle vornahm, bei seinen unter Anwendung
von Pyrogallussäure ausgeführten Luftuntersuchungen auch nicht

---

[1] Boussingault, Compt. rend. 57, 885.
[2] Calvert und Cloëz, Compt. rend. 57, 870 u. 875.
[3] Vivian B. Lewes, Journ. of the Society of Chemical Industry.
1891, May 30, 407.
[4] Th. Poleck, Zeitschrift f. analyt. Chem. 1869, 451.

einmal spurenweises Auftreten von Kohlenoxyd nachzuweisen und hält deshalb das Verfahren bei mässigen Sauerstoffgehalten für vollkommen zuverlässig. Bei technischen Gasuntersuchungen macht man die nämliche Wahrnehmung; jedenfalls ist die entwickelte Kohlenoxydmenge zu gering, als dass sie den Ausfall der Sauerstoffbestimmung merklich zu beeinflussen vermöchte.

Alkalische Pyrogallussäure wirkt selbstverständlich auch absorbirend auf Kohlensäure ein und es muss deshalb dieses Gas entfernt worden sein, bevor man zur Sauerstoffbestimmung schreiten kann.

3) Kupfer (Kupferoxydul-Ammoniak). Metalle, welche, wie Kupfer, Zink, Cadmium, lösliche Ammoniakverbindungen bilden, gehen in Berührung mit Ammoniak und Sauerstoff unter Absorption des letzteren in solche über und nach dem Vorgange von Lassaigne hat W. Hempel[1] dieses Verhalten in glücklichster Weise für die volumetrische Bestimmung des Sauerstoffs verwerthet. Das für diesen Zweck tauglichste Metall ist das Kupfer, weil seine Auflösung sich ohne Entwickelung von Wasserstoff vollzieht und weil es, in Form von dünnem Drahtgewebe angewendet, eine grosse Absorptionsfläche darbietet. Man füllt eine tubulirte Gaspipette mit Röllchen solchen Drahtgewebes und einem Gemisch von gleichen Volumina einer gesättigten Lösung von käuflichen kohlensaurem Ammonium und wässrigem Ammoniak von 0,96 spec. Gew. Wird in eine derartig beschickte Pipette ein sauerstoffhaltiges Gas eingeführt, so vollzieht sich die Absorption des Sauerstoffs, ohne dass Hin- und Herbewegen des Gases oder Schütteln der Flüssigkeit nöthig wäre, im Verlaufe von 5 Minuten. Man darf annehmen, dass sich hierbei zunächst Kupferoxydul-Ammoniak bildet, welches seinerseits ein weiteres Quantum Sauerstoff aufnimmt, dabei in Kupferoxyd-Ammoniak übergehend, und dass letzteres bei der späteren Berührung mit dem im Ueberschuss vorhandenen Kupfer immer wieder in Kupferoxydul-Ammoniak zurückverwandelt wird. 1 g Kupfer würde demgemäss 177 ccm Sauerstoff zur Absorption zu bringen vermögen. Ausser Kupferoxydul-Ammoniak entsteht, wie Schönbein[2] dargethan hat, auch salpetrigsaures Kupferoxydul-Ammoniak, was für den Verlauf des Absorptionsprocesses selbst belanglos ist.

[1] W. Hempel, Gasanalytische Methoden. 124.

[2] Schönbein, Berl. Akad. Ber. 1856, 580.

Mit Ammoniak befeuchtetes Kupfer absorbirt den Sauerstoff
viel rascher und, da kein Schütteln nöthig ist, in ungleich bequemerer Weise als die alkalische Lösung der Pyrogallussäure.
Vor dem Phosphor, dessen Wirksamkeit die seinige beinahe gleich-
kommt, hat es, abgesehen von gänzlicher Gefahrlosigkeit, den
Vortheil, dass Temperaturerniedrigung selbst bis zu — 7° herab
ohne hemmenden Einfluss auf den Vollzug der Absorption ist.
Trotzdem erleidet die Anwendung dieses Absorptionsmittels um
deshalb eine Beschränkung, weil auch Kohlenoxyd mit Leichtig-
keit von ihm aufgenommen wird, dieses Gas aber neben Sauerstoff in vielen der gasvolumetrischen Analyse unterworfenen Gasgemischen enthalten ist.   Aethylen und Acetylen werden ebenfalls davon aufgenommen und zwar letzteres unter Abscheidung
von rothem explosivem Acetylenkupfer.   Kohlensäure muss vor
Anwendung gedachten Absorptionsmittels selbstverständlich entfernt worden sein.

4) Weinsaures Eisenoxydul in alkalischer Lösung.
Eine der ältesten, von Dupasquier herrührenden eudiometrischen
Methoden beruht auf dem Zusammenbringen eines gemessenen
Volumens Luft mit Eisenvitriol und Kalilauge, wobei das aus-
geschiedene Eisenhydroxydul die chemische Bindung des Sauerstoffs herbeiführt, während der Stickstoff übrig bleibt.   L. L. de
Koninck[1] ist es nun gelungen, eine klare, alkalische, sehr zur
Oxydation geneigte Eisenoxydullösung darzustellen, welche sich
vortrefflich zur absorptiometrischen Bestimmung des Sauerstoffs
eignet, die Pyrogallussäurelösung vollkommen zu ersetzen vermag, aber sauberer und billiger als diese ist, ihre Wirksamkeit
auch bei niedriger Temperatur äussert, sich gegen Kohlenoxyd
indifferent verhält und dieses Gas beim Absorptionsprocesse
selbstverständlich auch nicht zu liefern vermag, wie solches,
wenn auch in untergeordnetem Maasse, bei der Pyrogallussäure
der Fall ist.

Um diese Absorptionsflüssigkeit zu erhalten, bedarf man
dreier Lösungen:

A. 40 g kryst. Eisenvitriol gelöst und zu 100 ^{ccm} verdünnt,
B. 30 » Seignettesalz   »   »   » 100 »   »
C. 60 » Kaliumhydroxyd   »   *   » 100 »   »

Man giesst 1 Vol. A in 5 Vol. B, wobei sich ein dicker,
weisser Niederschlag von weinsaurem Eisenoxydul bildet, und

---

[1] L. L. de Koninck, Zeitschrift f. angew. Chemie. 1890, 727.

fügt 1 Vol. von C zu, wodurch derselbe in eine gelbliche, an
der Luft rasch grün werdende Lösung übergeht. Diese Lösung,
in eine Gaspipette mit Wasserverschluss gefüllt, absorbirt, wenn
man sie unter Umschwenken mit einem Gase in Berührung bringt,
dessen Sauerstoffgehalt binnen 4 Minuten auf das Vollständigste.
Sie ist deshalb recht wohl geeignet, die jetzt zumeist angewendete
alkalische Lösung der Pyrogallussäure zu ersetzen, aber leider
steht sie dieser im Wirkungswerthe beträchtlich nach, da 1^{ccm}
derselben nur $2,3^{ccm}$ Sauerstoff aufnimmt. Kohlensäure wird
ebenfalls von der alkalischen Eisenoxydullösung absorbirt und
muss deshalb vor Vornahme der Sauerstoffbestimmung entfernt
werden.

d. Absorptionsmittel für Kohlenoxyd.

Zur Absorption des Kohlenoxyds bedient man sich durchweg einer Auflösung von Kupferchlorür, welche dasselbe unter
Bildung von Carbonyl-Kupferchlorür $Cu_2 \begin{cases} Cl_2 \\ CO \end{cases}$ aufnimmt.

Man kann das Kupferchlorür ebensowohl in salzsaurer wie
in ammoniakalischer Lösung anwenden, doch wird letzterer jetzt
fast allgemein der Vorzug gegeben, was insofern Berechtigung
hat, als das von ihr aufgenommene Kohlenoxyd bei gleichzeitiger
Gegenwart von überschüssigem Ammoniak Anlass zur allmählichen
Bildung von kohlensaurem Ammonium giebt, während sich andererseits metallisches Kupfer auf die Wandung des Absorptionsgefässes ablagert. Diese Umsetzung vollzieht sich nach dem
Vorgange

$$Cu_2 \begin{cases} Cl_2 \\ CO \end{cases} + 4NH_3 + 2H_2O = 2Cu + 2NH_4Cl + (NH_4)_2CO_3;$$

sie hat zur Folge, dass das absorbirte Kohlenoxyd immer wieder
verschwindet, während andererseits das freigewordene Kupfer die
Lösung vor Oxydation schützt, beziehentlich entstandenes Chlorid
in Chlorür zurückverwandelt.

Die Darstellung einer sehr brauchbaren, hinreichend ammoniakalischen Kupferchlorürlösung von nur unbedeutender Tension
kann auf folgende Weise vorgenommen werden:

250 g Ammoniumchlorid löst man in 750^{ccm} Wasser, bringt
die Lösung in eine mit Gummistopfen versehene, dicht verschliessbare Flasche und fügt ihr 200 g Kupferchlorür zu. Dasselbe
löst sich bei öfterem Umschütteln unter Zurücklassung von wenig

Kupferoxychlorid auf und man erhält eine bräunlich gefärbte
Flüssigkeit, die sich in verschlossenen Gefässen beliebig lange
und namentlich dann unverändert erhält, wenn man in dieselbe
eine vom Boden bis zum Halse der Flasche reichende Kupfer-
spirale stellt. In Berührung mit Luft scheidet die Lösung grünes
Kupferoxychlorid ab. Um sie gebrauchsfertig zu machen, setzt
man ihr ein Drittel ihres Volumens Ammoniakflüssigkeit von
0,905 spec. Gew. zu. Die Aufbewahrung erfolgt in der Regel
in Hempel'schen Gaspipetten mit Wasserabsperrung, denen man
zu bequemerer Füllung eine am tiefsten Punkte des Verbindungs-
rohres angebrachte, aus einem kurzen, mit Quetschhahn ver-
schliessbaren Glasrohrstutzen bestehende Tubulatur giebt. Die
Füllung wird derart vorgenommen, dass man an das Schlauchende dieses Stutzens mittels Glasrohrverbindung einen bis über
den höchsten Punkt des Pipettenstativs reichenden Kautschukschlauch steckt, diesen mit einem Trichter versieht und nun zunächst 50^{ccm} Ammoniakflüssigkeit und hierauf 150^{ccm} obiger
Kupferchlorürlösung in die Pipettenkugel eingiesst, worauf man
das Füllrohr abnimmt und den Quetschhahn durch ein eingeschobenes kurzes Stück Glasstab ersetzt.

1^{ccm} der so erhaltenen ammoniakalischen Kupferchlorürlösung absorbirt 16^{ccm} Kohlenoxyd. Da jedoch die Bindung
dieses Gases eine so lose ist, dass sie schon durch Druckverminderung in gewissem, wenn auch geringem Grade aufgehoben
wird, eine Thatsache, welche ebensowohl von A. Tamm[1], wie
von H. Drehschmidt[2] festgestellt worden ist, so hat H. Drehschmidt[3] zweckmässigerweise empfohlen, auf die erste Absorption eine zweite folgen zu lassen und demgemäss jederzeit
zwei Pipetten in Anwendung zu bringen, von denen die erste,
welche die Hauptmenge des Kohlenoxyds aufzunehmen hat, ein
schon mehrfach gebrauchtes Kupferchlorür enthalten kann, während die zweite, die zur Aufnahme des verbliebenen kleinen
Kolenoxydrestes bestimmt ist, eine möglichst frische, kräftig
wirkende Füllung erhalten soll. Um Verwechselungen vorzubeugen, versieht man die erste Pipette mit einer weissen, die
zweite mit einer farbigen, z. B. rothen Etikette.

[1] A. Tamm, Jern Kontorets Annales, Vol. XXXV; v. Jüptner's
Prakt. Handb. f. Eisenhüttentechniker. 244, 265.
[2] H. Drehschmidt, Ber. d. deutsch. chem. Ges. XX, 2752.
[3] H. Drehschmidt, Ber. d. deutsch. chem. Ges. XXI, 2158.

Ammoniakalische Kupferchlorürlösung wirkt auch absorbirend auf Kohlensäure, schwere Kohlenwasserstoffe, insbesondere Aethylen, und Sauerstoff ein und es müssen deshalb diese Gase entfernt werden, bevor man zur Bestimmung des Kohlenoxyds verschreitet.

B. Bestimmung von Gasen unter Anwendung von Apparaten mit vereinigter Mess- und Absorptionsvorrichtung.

Die Besprechung der in das vorgenannte Kapitel fallenden Apparate und Methoden könnte überflüssig und entbehrlich erscheinen, weil dieselben im Laufe der letzten Jahre durch die Entstehung besserer weit überholt worden sind. Dessenungeachtet soll ihrer im vorliegenden Buche Erwähnung gethan werden, denn sie geben ein Bild von der allmählichen Entwicklung der technischen Gasanalyse und sind somit von einer gewissen geschichtlichen Bedeutung; sie haben ferner trotz der inmittelst gemachten Fortschritte mit der Hartnäckigkeit des einmal Eingeführten bis zur Stunde ihren Platz in vielen Etablissements behauptet und endlich bildet, was für den Zweck eines Lehrbuchs vor allem in's Gewicht fällt, ihre Handhabung ein ganz vorzügliches Unterrichtsmittel, indem sie den Lernenden mit den bei der Messung von Gasen in Betracht kommenden physikalischen Grundsätzen rasch vertraut macht.

a. Cl. Winkler's Gasbürette.

Anordnung. Der nachstehend beschriebene, im Jahre 1872 vom Verfasser construirte Apparat (Fig. 43) besteht aus zwei communicirenden Röhren, der Messröhre A und der Niveauröhre B, welche von den Klammern eines eisernen Stativs festgehalten werden und an ihren unteren Enden durch ein T-Rohr aus Kautschuk d verbunden sind, dessen untere Abzeigung für gewöhnlich durch einen Quetschhahn verschlossen wird. Die Messröhre A trägt unten einen Dreiweghahn a, wie er auf S. 35 abgebildet und beschrieben worden ist, oben dagegen ist sie durch den einfachen Hahn b abgeschlossen.

Der Inhalt der Messröhre beträgt von Hahnschlüssel zu Hahnschlüssel ungefähr 100ccm. Er ist ein- für allemal genau gemessen und sein Betrag durch Einätzung auf jedem Röhrenexemplar verzeichnet. Im Uebrigen ist die Röhre von unten nach oben in Cubikcentimeter und deren Decimalen getheilt, und zwar erstreckt sich diese Theilung auch auf die in der Nähe der Hähne befindlichen Röhrenverjüngungen, von denen die untere behufs Messung kleiner Gasvolumina absichtlich auf etwa ein Viertel der gesammten Rohrlänge fortgesetzt ist, während die obere von verschwindender Kürze sein soll, weil sich im anderen Falle leicht Flüssigkeit darin festsetzt.

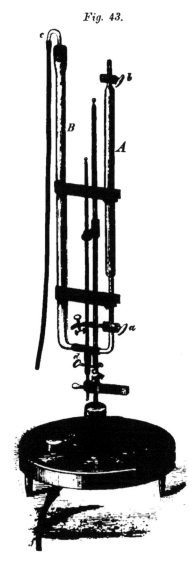

Fig. 43.

Die Niveauröhre B dient zur Aufnahme der Absorptionsflüssigkeit. Sie ist oben durch einen Kautschukpfropfen geschlossen, der ein umgebogenes Glasrohr c mit Kautschukschlauch trägt.

Das Stativ des Apparates ist mit drehbarem Röhrenhalter versehen, so dass man dem Röhrenpaare nach Belieben verticale oder horizontale Stellung zu geben vermag. Sofern ein geeigneter Arbeitstisch nicht zur Verfügung steht, stellt man dasselbe auf einen verbleiten Holzuntersatz C, der mit Abflussrohr für die meist alkalischen Absorptionsflüssigkeiten und Spülwässer versehen ist.

Handhabung. Man öffnet den Hahn b und vermittelt durch den Hahn a die Communication der Messröhre A mit der Gasquelle, worauf man unter Anwendung einer Kautschukpumpe oder eines Aspirators solange Gas durch die Messröhre strömen lässt, bis alle Luft daraus verdrängt ist. Je nachdem hierbei gedrückt oder gesaugt worden ist, wird zuerst der Hahn a oder der Hahn b zum Abschluss gebracht, damit man auch sicher sein kann, dass die genommene

Gasprobe unter atmosphärischem Druck steht. Der Hahn a wird
dabei so gestellt, dass die innere Mündung seiner Längsdurchbohrung nach unten gerichtet ist.

   Nun füllt man die Niveauröhre B mit Absorptionsflüssigkeit,
lässt die sich unterhalb des Hahnes a einsackende Luft durch
kurzes Oeffnen des sich an jenem befindenden Quetschhahns

Fig. 44.

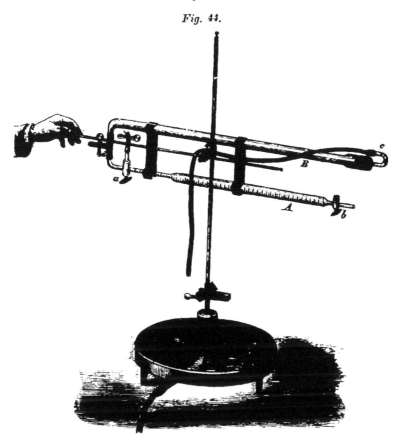

austreten und kann hierauf, da Gas und Flüssigkeit jetzt nur
noch durch den Hahnschlüssel getrennt sind, die Absorption beginnen. Zu diesem Zwecke dreht man den Hahnschlüssel um
90° und stellt so die Communication zwischen beiden Röhren
her. Sogleich beginnt die Absorptionsflüssigkeit in die Messröhre
einzutreten; durch Einblasen von Luft in den an die Niveauröhre B angesetzten Kautschukschlauch treibt man dieselbe ein

Stück empor und schliesst gleichzeitig den Hahn *a* in der früheren
Weise ab. Indem man hierauf dem Röhrenpaar wechselsweise
Horizontal- und Verticalstellung giebt (Fig. 44), bringt man Gas
und Flüssigkeit in innige Berührung und erreicht durch solches
Hin- und Herwiegen die rasche Aufnahme des absorbirbaren
Gasbestandtheils. Dringt bei erneutem Oeffnen des Hahnes *a*
keine Flüssigkeit mehr in die Messröhre ein, so ist die Absorption beendet. Es gilt jetzt nur noch, die Flüssigkeit in beiden communicirenden Röhren gleich hoch zu stellen, was man
durch den Quetschhahn *d* bewerkstelligt. Selbstverständlich muss
der Hahn *a* hierbei geöffnet bleiben. Das nach *A* eingetretene
Flüssigkeitsvolumen entspricht demjenigen des absorbirten Gases,
und wenn man dasselbe mit 100 multiplicirt und durch den
Gesammtinhalt der Messröhre dividirt, so erhält man dieses in
Volumenprocenten.

Nach jeder Bestimmung unterwirft man den Apparat einem
ganz gründlichen Ausspülen mit Wasser, trocknet die Hähne mit
Filtrirpapier aus und fettet sie vor dem Wiedergebrauch gleichmässig, aber schwach ein. Bei der Aufbewahrung des Apparates
mache man es sich zur Regel, die Hahnschlüssel herauszunehmen,
weil sie sich sonst leicht sehr festsetzen.

Anwendung:

1) Bestimmung der Kohlensäure in Gemengen von
Luft und Kohlensäuregas oder in Rauch-, Hohofen-,
Kalkofen-, Saturationsgasen etc. Als Absorptionsmittel
dient mässig starke Kalilauge.

2) Bestimmung des Sauerstoffs in der atmosphärischen Luft. Die Absorption wird mit alkalischer Pyrogallussäure vorgenommen, wobei man, um an Reagens zu sparen, die
concentrirte Lösung der erforderlichen Pyrogallussäure zuerst in
die Niveauröhre eingiesst, sie bis dicht unter den Hahnschlüssel *a*
befördert und dann erst Kalilauge nachfüllt.

b. M. Honigmann's Gasbürette. [1]

Anordnung. Die Bürette *A* (Fig. 45) besteht aus einer an
beiden Enden verjüngten Messröhre, welche oben durch den

---

[1] Briefliche Mittheilung des Herrn Moritz Honigmann in Grevenberg-
Aachen vom 15. März 1881.

einfachen Hahn a abgeschlossen ist, während das untere Ende b
nur mit einem Stück starkwandigem Kautsckukschlauch versehen
wird, im Uebrigen aber offen bleibt. Die Nullmarke der bis zu
$1/_5$ ccm getheilten Röhre befindet sich ,im unteren Theile und von
ihr ab bis zum Hahnschlüssel beträgt der Inhalt der Bürette
gerade 100 ccm. Die Absorptionsflüssigkeit
befindet sich im Glascylinder C; in die-

Fig. 45.

selbe lässt sich, da das angesteckte Schlauchende Biegsamkeit besitzt, die Bürette bis
zu einem beliebigen Punkte eintauchen.

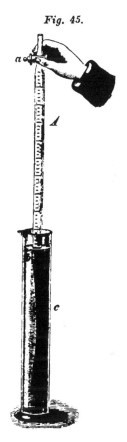

Handhabung. Die Bürette ist insbesondere zur Ermittelung des Kohlensäuregehaltes der bei der Ammoniaksoda-Fabri-
kation verwendeten kohlensäurereichen Gasgemenge bestimmt. Man saugt solange Gas
durch dieselbe, bis alle Luft verdrängt ist,
schliesst den Hahn a ab und senkt sie mit
dem Schlauchende in den mit Kalilauge
gefüllten Cylinder C bis gerade zum Nullpunkt ein, worauf man den Hahn a einen
Augenblick lüftet, um atmosphärischen Druck
herzustellen. Auf diese einfache Weise gelingt es, 100 ccm Gas zur Absperrung zu
bringen. Die Absorption der Kohlensäure
wird dadurch eingeleitet, dass man die
Bürette zunächst ein Stück über den Nullpunkt eintaucht, damit ihre innere Wandung
sich mit Kalilauge benetze, und sie sodann
soweit aus der Flüssigkeit herauszieht, dass
das Schlauchende zwar darin verbleibt, die
Bürette selbst aber über den Cylinderrand
zu stehen kommt, so dass man dieselbe
heberartig zur Seite und nach unten neigen
kann. Sofort beginnt die Kalilauge einzutreten und nach mehr-
maligem Hin- und Herwiegen ist die Absorption beendet. Jetzt
senkt man die Messröhre wieder in die Flüssigkeit ein und zwar
soweit, dass der innere und der äussere Flüssigkeitsspiegel in
gleiches Niveau zu liegen kommen, worauf man die Ablesung
vornehmen kann. Dieselbe ergiebt den Gehalt des Gases an
Kohlensäure direct in Volumenprocenten. Vollkommene Genauigkeit lässt sich von diesem Apparate nicht erwarten, doch zeichnet

er sich durch Einfachheit der Construction und Handhabung aus
und liefert das Resultat in wenigen Augenblicken. Nach jeder
Absorption müssen Messröhre und Schlauch auf das Sorgfältigste
mit Wasser ausgespült werden.

Anwendung:

Bestimmung der Kohlensäure in Gemengen von Luft
und Kohlensäuregas, in Kalkofen-, Saturationsgasen etc.

c. H. Bunte's Gasbürette.

Anordnung. Die Messröhre A (Fig. 46) trägt einen mit
Marke versehenen Trichteraufsatz t und ist oben durch den Dreiweghahn a (vergl. S. 35), unten durch den einfachen Hahn b
abgeschlossen. Der Raum zwischen diesen beiden Hähnen beträgt etwas mehr als 110^{ccm} und ist in Cubikcentimeter und
deren Bruchtheile ($^1/_5$) getheilt. Der Theilstrich 100 fällt mit
dem Schlüssel des oberen Hahnes a zusammen, der Nullpunkt
liegt 6 bis 8^{cm} oberhalb des Hahnes b und die Theilung ist noch
10^{ccm} über jenen hinaus fortgesetzt. Die Messung eines Gases
erfolgt bei dieser Bürette stets unter dem Druck der atmosphärischen Luft plus dem Druck der im Trichteraufsatze befindlichen, bis zur Marke reichenden Wassersäule.

Die Messröhre hängt in einem eisernen Stative mit leicht
auslösbarer Klammer; ein zweiter Arm dieses Stativs trägt den
Trichter B, welcher durch einen Kautschukschlauch von etwa
3^{mm} Weite mit der capillaren Ausflussspitze der Bürette verbunden werden kann.

Man bedarf ferner eines kleinen Napfes C aus Glas oder
Porzellan, welcher zur Aufnahme des Absorptionsmittels dient,
und zweier Saugflaschen, deren Einrichtung ohne Weiteres durch
die Abbildung verständlich wird. Die Flasche D ist dazu bestimmt, Wasser in die Bürette einzudrücken oder auch daraus
abzusaugen. In beiden Fällen steckt man das Kautschukende n
an die Bürettenspitze b an, während man gleichzeitig mit dem
Munde Luft in das Rohr m einbläst, so dass während des An-
steckens durch n stetig Wasser ausfliesst, sich also keine Luft-
einsackung bilden kann, eine Massregel, deren Beobachtung nie
versäumt werden darf. Gilt es, grössere Flüssigkeitsmengen aus
der Bürette abzusaugen, so kann man sich der Flasche E bedienen, welche ohne Weiteres mit dem Schlauchstück an die

Bürettenspitze angesetzt wird, nachdem man dieselbe vorher mit Hilfe einer Wasserluftpumpe evacuirt hatte.

Handhabung. Man füllt die Bürette durch den Trichter B mit Wasser, bis dieses in den Trichteraufsatz t einzutreten beginnt, schliesst die Hähne und zieht den Kautschukschlauch von der Bürettenspitze ab. Hierauf setzt man die Längsbohrung

Fig. 46.

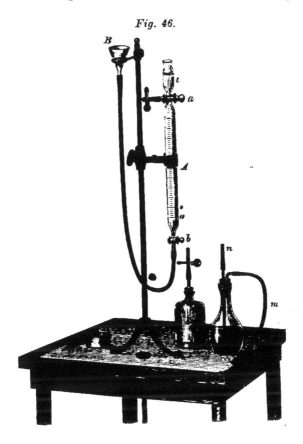

des Hahnes a mit dem bereits gefüllten Gaszuleitungsrohr in Verbindung und bewirkt die Ansaugung des Gases durch Ausfliessenlassen von Wasser aus der Hahnspitze b. Man lässt geflissentlich. etwas mehr als 100^{ccm}, z. B. 105^{ccm}, in die Bürette eintreten und bewirkt hierauf die Einstellung auf die Nullmarke in folgender Weise:

Man drückt mit Hilfe der Flasche D soviel Wasser in die

Bürette, dass eine Comprimirung des Gases auf etwa 95^{ccm} eintritt, dann schliesst man den Hahn *b*, nimmt die Flasche *D*
wieder ab und bewirkt durch vorsichtiges Drehen des Hahnes *b*
den Wiederausfluss des Wassers bis genau zur Nullmarke. Das
Gas steht jetzt noch immer unter Ueberdruck und man hat nun
durch eine letzte Operation denjenigen Druck herzustellen, unter
welchem beim vorliegenden Apparate jede Messung ohne Aus-
nahme stattfinden soll. Zu dem Ende füllt man den Trichteraufsatz *t* bis zur Marke mit Wasser und öffnet den Hahn *a* einen
Augenblick nach oben, wobei der Gasüberschuss durch das Wasser
entweicht. Jetzt befinden sich in der Bürette genau 100^{ccm} Gas
vom Druck der Atmosphäre plus dem Druck der im Trichteraufsatz stehenden Wassersäule.

Es braucht wohl kaum besonders ausgesprochen zu werden,
dass man die Füllung der Bürette ebenso gut auf die Weise be-
bewerkstelligen kann, dass man das zu untersuchende Gas mittelst
einer Kautschukpumpe oder eines anderen Aspirators so lange
durch die Messröhre saugt, bis alle Luft verdrängt ist, und
dass man dann erst mit Hilfe der Flasche *D* in der beschriebenen Weise Sperrwasser von unten in dieselbe eindrückt, auf
die Nullmarke einstellt, den Trichteraufsatz bis zur Marke mit
Wasser füllt und durch vorübergehendes Oeffnen des Hahnes *a*
den Ueberdruck aufhebt.

Um nun einen Gasbestandtheil zur Absorption zu bringen,
gilt es, eine geeignete Absorptionsflüssigkeit in die Bürette ein-
zuführen. Man saugt zunächst das darin befindliche Wasser unter
Anwendung der Flasche *D* bis zum Hahn *b* ab, schliesst diesen
und taucht die Bürettenspitze in den die Absorptionsflüssigkeit
enthaltenden Napf *C*. Wird jetzt der Hahn *b* auf's Neue geöffnet,
so dringt ein dem des abgesaugten Wassers fast gleiches Volumen
Absorptionsflüssigkeit in die Bürette ein und es steigt diese ihres
höheren specifischen Gewichtes halber zwar nicht ganz, aber
doch beinahe bis zur Nullmarke empor. Auf jeden Fall genügt
die eingedrungene Flüssigkeitsmenge zur Entfernung des zu bestimmenden Gasbestandtheils, und es bleibt, um diese herbeizuführen, nur noch übrig, Gas und Flüssigkeit in innige Berührung
zu bringen. Zu dem Ende fasst man die Bürette nach Abschluss
des Hahnes *b* am Trichteraufsatz, dessen Oeffnung dabei mit
dem Ballen der Hand verschliessend, und bewegt sie in horizon-
taler Lage wiegend hin und her. Nach erfolgter Absorption
senkt man die Bürettenspitze auf's Neue in den Napf *C* und

öffnet den Hahn *b*, worauf an Stelle des absorbirten Gases Flüssigkeit in die Bürette eindringt. Bleibt nach Wiederholung der
beschriebenen Operationen der Flüssigkeitsstand der nämliche,
so kann die Ablesung vorgenommen werden. Vorher aber hat
man das Gas noch unter den richtigen Druck zu bringen. Dies
geschieht in der Weise, dass man aus dem Trichteraufsatz Wasser
in die Bürette einfliessen lässt, was gleichzeitig ein Abspülen der
inneren Wandung zur Folge hat, und dass man hierauf, während
der Hahn *a* nach oben geöffnet bleibt, das eingeflossene Wasser
bis zur Trichtermarke ergänzt.

Da das Adhäsionsvermögen der Absorptionsflüssigkeiten ein
verschiedenes ist, so empfiehlt es sich, letztere durch Wasser zu
verdrängen und darauf die Ablesung zu wiederholen. Man öffnet
beide Hähne, während ein stetiger, angemessener Wasserzufluss
in den Trichteraufsatz stattfindet, und lässt das Durchfliessen des
Wassers durch die Bürette so lange andauern, bis die ursprüng-
liche Reaction der Flüssigkeit verschwunden ist. Ein Gasverlust
kann hierbei nicht eintreten und deshalb wird es möglich, nach
erfolgtem Absaugen des in der Bürette befindlichen Wassers, ein
anderes Reagens in diese eintreten zu lassen und durch dasselbe
einen zweiten Gasbestandtheil zur Absorption zu bringen. In
gleicher Weise lässt sich nach jedesmaligem Auswaschen unter
Anwendung geeigneter Absorptionsflüssigkeiten ein dritter und
vierter Gasbestandtheil entfernen und volumetrisch bestimmen.

Anwendung:

1) Bestimmung der Kohlensäure in einem Gemenge
von Luft und Kohlensäuregas oder in Rauch-, Hoh-
ofen-, Kalkofen-, Generatorgasen etc. Als Absorptionsmittel dient mässig starke Kalilauge.

2) Bestimmung des Sauerstoffs in der atmosphärischen Luft. Als Absorptionsmittel dient alkalische Pyrogallussäure. Um letztere nicht zu verschwenden, bringt man sie in
ganz concentrirte, wässerige Lösung, führt diese zunächst in die
Bürette ein und lässt erst im Anschluss daran die Kalilauge
aufsteigen.

3) Bestimmung von Kohlensäure, Sauerstoff und
Stickstoff nebeneinander in einem Gemenge von Luft
und Kohlensäuregas oder in einem Verbrennungsgase.
Man absorbirt die Kohlensäure mit Kalilauge, wäscht aus und
absorbirt den Sauerstoff mit Pyrogallussäure in stark alkalischer

Lösung. Nach abermaligem Auswaschen verbleibt der Stickstoff als Rest.

4) Bestimmung von Kohlensäure, Sauerstoff, Kohlenoxyd und Stickstoff nebeneinander in Hohofen-, Generatorgasen etc. Man absorbirt wie bei 3 Kohlensäure und Sauerstoff, hierauf Kohlenoxyd durch Kupferchlorürlösung, verdrängt diese durch Wasser und bringt schliesslich den verbliebenen Stickstoff zur Messung.

C. Bestimmung von Gasen unter Anwendung von Apparaten mit gesonderter Mess- und Absorptionsvorrichtung.

Statt die Absorption eines Gasbestandtheils in der Messröhre selbst vorzunehmen, bewerkstelligt man dieselbe vielfach in einem besonderen Gefässe, welches zur Aufbewahrung des Absorptionsmittels dient und in welchem man das zu untersuchende Gas nach vorgenommener Messung mit diesem in Berührung bringt. Nach Beendigung der Absorption führt man dann den verbliebenen Gasrest wieder in die Messröhre über und bestimmt sein Volumen. Aus der Differenz beider Messungen ergiebt sich das Volumen des absorbirten Gasbestandtheils. Es gestattet dieses Verfahren eine weitgehende Ausnutzung des Absorptionsmittels und macht nicht nach jeder Bestimmung die Reinigung der Messröhre nöthig, vielmehr lassen sich mit seiner Hilfe Hunderte von Messungen hintereinander ausführen, ohne dass eine wesentliche Zwischenarbeit und bevor die Reinigung und Neufüllung des Apparates nöthig wird.

Mess- und Absorptionsgefäss müssen hierbei in dauernde oder vorübergehende Verbindung gebracht werden können; man bewirkt diese in der Regel durch ein enges Capillarrohr, dessen Inhalt kaum $^1/_{10}$ ^{ccm} beträgt; die darin befindliche Luftmenge, welche sich dem untersuchten Gase beigestellt, ist mithin eine so geringfügige, dass sie keinen wesentlichen Einfluss auf den Ausfall des Resultates ausübt. In besonderen Fällen bleibt es auch unbenommen, dieses capillare Verbindungsrohr mit Wasser zu füllen und so die Luft daraus zu verdrängen.

Der erste Apparat dieser Art ist von C. Scheibler construirt worden. Derselbe diente dem speciellen Zwecke, den Kohlensäuregehalt der Saturationsgase in Zuckerfabriken zu ermitteln, und ist neben anderen Apparaten in des Verf. „Anleitung zur chemischen Untersuchung der Industriegase“ beschrieben worden. Derselbe hat s. Z. treffliche Dienste geleistet, dürfte

aber inmittelst anderen, einfacheren Apparaten das Feld geräumt
haben. Gleiches gilt von dem früher ebenfalls viel benutzten
M. Liebig'schen Apparate.

a. M. H. Orsat's Apparat.[1]

Anordnung. Die Messröhre A (Fig. 47) fasst von der
in ihrem unteren Theile
befindlichen Nullmarke
bis zum oberen capil-
laren Ende 100 ccm, ihre
Theilung ($\frac{1}{5}$) erstreckt
sich jedoch nur auf
40 ccm und hört dort
auf, wo die Röhre durch
Aufblasen erweitert wor-
den ist. Um den Gas-
inhalt der Messröhre dem
Einfluss äusserer Tem-
peraturschwankungen zu
entziehen, ist letztere mit
einem oben und unten
durch Gummipfropfen ge-
schlossenen, mit Wasser
gefüllten Mantelrohr um-
geben, auf welchem sich
ein weisser Milchglas-
Hintergrund befindet, von
dem sich die schwarze
Scala der Messröhre scharf
abhebt. Mit ihrem unte-
ren Ende steht die Bürette

Fig. 47.

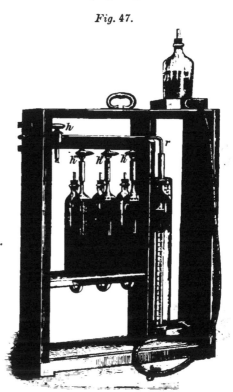

in Schlauchverbindung mit der zu zwei Drittel mit Wasser gefüllten

---

[1] Der Orsat'sche Apparat ist dem wenig bekannten Apparate von
Schlösing und Rolland nachgebildet und beruht gleich diesem auf einem
zuerst von Regnault und Reiset angewendeten Princip. Derselbe hat
ausserordentliche Verbreitung und vielfache Abänderung erfahren. Letztere
erfolgte z. B. durch J. Salleron, J. Aron, Ferd. Fischer, Rob.
Muencke, E. Tomson (vergl. des Verf. „Anleitung zur chemischen Untersuchung der Industriegase"). Der Verf. giebt dem von Rob. Muencke
in Berlin construirten Apparate in seiner jetzigen Gestaltung den Vorzug
und bringt deshalb auch nur diesen zur Beschreibung.

Niveauflasche B, an das andere schliesst sich ein rechtwinkelig abgebogenes, gläsernes Capillarrohr r an, welches in den Dreiweghahn h mündet und durch eine Holzumfassung vor dem Zerbrechen geschützt ist. Von diesem zweigen rechtwinkelig nach unten die einfachen Glashähne h', h'', h''' ab, deren Röhren ebenfalls capillar sind und welche durch Schlauchstücke in Verbindung mit den drei U-förmig gebogenen und mit Glasröhrenbündeln gefüllten Absorptionsgefässen C', C'', C''' stehen, deren erstes mit Kalilauge, deren zweites mit alkalischer Pyrogallussäure, deren drittes mit Kupferchlorürlösung und in die Glasröhren eingeschobenen Spiralen aus Kupferdraht gefüllt ist. An Stelle der leichtzerbrechlichen und theuern Glashähne empfiehlt P. Naef[1] Schlauchventile mit eingesetztem, nahezu kugelförmigem Glaskörper, W. Olschewsky[2] dagegen Quetschhähne. Ferner möge hier eingeschaltet werden, dass G. Lunge[3] die Anwendbarkeit des Orsat'schen Apparates dadurch zu erweitern suchte, dass er ihn mit Verbrennungscapillare für die Bestimmung von Wasserstoff (s. d.) versah, und dass Wilh. Thörner[4] sogar einen mit allen Vorrichtungen für die Verbrennungsanalyse, selbst mit Knallgasentwickler, Explosionspipette und Inductionsapparat ausgestatteten Universalapparat construirt hat, was wohl etwas zu weit gegangen sein dürfte.

Die vorerwähnten Absorptionsflüssigkeiten dienen zur Aufnahme von Kohlensäure beziehentlich Sauerstoff und Kohlenoxyd, wie denn der Apparat vorwiegend zur Untersuchung von Verbrennungsgasen bestimmt ist. Die Absorption des Sauerstoffs lässt sich auch durch feuchten Phosphor bewerkstelligen; soll dies geschehen, so giebt man dem Gefässe C'' oben eine kleine, durch einen weichen Gummipfropfen verschliessbare Tubulatur, durch welche man unter Wasser dünne Phosphorstängelchen eintragen kann, bis das Gefäss gefüllt ist. Eine Glasrohreinlage erfolgt in solchem Falle nicht. Die Absorptionsgefässe werden bis reichlich zur Hälfte mit Flüssigkeit gefüllt und diese sodann bis zu der im capillaren Halse angebrachten Marke emporgezogen. Das Emporziehen erfolgt einfach auf die Weise, dass man bei geöffnetem Verbindungshahn die Wasserfüllung der Bürette A ablaufen lässt, zu welchem Zwecke die Niveauflasche B

[1] P. Naef, Chem. Industrie. 1885, 289.
[2] W. Olschewsky in Jul. Post, Chem. techn. Analyse. 2. Aufl., II, 72.
[3] G. Lunge, Chemiker-Ztg. 1882, 262.
[4] Wilh. Thörner, Chemiker-Ztg. 1891, 768.

natürlich gesenkt werden muss. Um endlich die Absorptionsflüssigkeiten vor der Einwirkung der Luft zu schützen, schliesst
man die Ausgangsenden der Absorptionsgefässe durch Aufstecken
kleiner Ballons aus Kautschukmembran ab. Der Apparat befindet
sich in einem tragbaren, an beiden Seiten durch Schiebethüren
verschliessbaren Holzkasten.

Handhabung. Man stellt die Niveauflasche *B* hoch, öffnet
den Hahn *h* und lässt sich die Messröhre *A* bis zur Capillare
mit Wasser füllen. Hierauf verbindet man das Ausgangsende
der Capillare mit dem Saugrohre, durch welches die Gasprobe
entnommen werden soll, die nach unten gerichtete Bohrung des
Dreiweghahns *h* aber mit einer Saugpumpe aus Kautschuk und
entfernt mit Hilfe dieser die Luft aus der Rohrleitung. Die Ansaugung der Gasprobe wird hierauf einfach dadurch bewirkt,
dass man die Niveauflasche *B* senkt und den Hahn *h* um 90°
dreht. Man lässt das Wasser etwas bis unter die Nullmarke
abfliessen, schliesst den Hahn *h* ab, comprimirt das Gas durch
Heben der Niveauflasche *B* so weit, dass das Wasser bis über
die Nullmarke emporsteigt, kneift den Verbindungsschlauch dicht
an der Ansatzstelle mit den Fingern oder einem Quetschhahn zu
und lässt hierauf, nachdem man die Niveauflasche *B* wieder gesenkt hat, durch vorsichtiges Lüften des Schlauchs den Wasser-
überschuss bis zur Nullmarke austreten. Schliesslich hat noch
ein momentanes Oeffnen des Hahnes *h* zu erfolgen, um atmosphärischen Druck herzustellen, worauf sich in der Messröhre
genau 100^{ccm} Gas abgesperrt befinden.

Nun schreitet man zur Absorption. Zuerst bestimmt man
den Gehalt an Kohlensäure, indem man das Gas in die U-Röhre
C' überfüllt. Das geschieht in der Weise, dass man die Niveauflasche *B* hebt und gleichzeitig den Hahn *h'* öffnet. Die Absorption kann dadurch beschleunigt werden, dass man das Gas
durch wechselweises Senken und Heben der Niveauflasche zwischen *C* und *A* herüber und hinüber wandern lässt, während
welcher Operation der Hahn *h'* geöffnet bleiben kann. Zuletzt
wird der Flüssigkeitsspiegel in *C'* auf die Marke eingestellt und
der Hahn *h'* geschlossen. Nun kann die Ablesung vorgenommen
werden, nachdem man die Niveauflasche soweit gehoben hat, dass
ihr Inhalt mit dem in der Messröhre befindlichen Wasser gleichen
Stand zeigt. Die eingetretene Volumenabnahme zeigt den Kohlensäuregehalt unmittelbar in Procenten an. In ganz gleicher Weise
absorbirt man der Reihe nach in Gefäss *C''* den Sauerstoff, in

Gefäss C''' das Kohlenoxyd und findet schliesslich als nichtabsorbirbaren Rest den vorhandenen Stickstoff. Wird die Sauerstoffabsorption durch feuchten Phosphor bewirkt, so kann das
erwähnte Herüber- und Hinüberfüllen des Gases als zwecklos
unterlassen werden. Da letztgedachte Operation auf die Dauer
sehr ermüdend werden kann, so hat Rodolfi Namias[1] eine
Vorrichtung zur automatischen Bewegung des der Untersuchung
mit dem Orsat'schen Apparate unterliegenden Gases angegeben.

Anwendung:

Bestimmung von Kohlensäure, Sauerstoff, Kohlenoxyd und Stickstoff nebeneinander in künstlich hergestellten Gasmischungen oder in Hohofen-, Flamm-
ofen- und sonstigen Rauchgasen.

Als Absorptionsflüssigkeit pflegt man zu verwenden

für Kohlensäure Kalilauge von 1,20 spec. Gew.,
für Sauerstoff ebensolche Kalilauge, der man pro Gefäss-
füllung 15 bis 25 g Pyrogallussäure zugesetzt hatte, oder
statt dessen Phosphor und Wasser,
für Kohlenoxyd ammoniakalisches Kupferchlorür (S. 77).

Von Ferd. Fischer[2] ist der Orsat'sche Apparat zur Bestimmung des Gehaltes der Röstgase an Gesammtsäure
$(SO_2 + SO_3)$, sowie an Sauerstoff verwendet und empfohlen
worden. Als Sperrflüssigkeit muss in solchem Falle Petroleum
verwendet werden.

b. Apparat zur Bestimmung der Kohlensäure in relativ
kohlensäurearmen Gasgemengen.

Zur volumetrischen Bestimmung relativ kleiner Kohlensäure-
gehalte, wie sie in Grubenwettern u. a. m. auftreten und welche,
obwohl nur zu wenigen Procenten ansteigend, den Athmungs-
process doch bedenklich zu beeinträchtigen vermögen, kann man
sich des in Fig. 48 abgebildeten, einfachen Apparates bedienen,
welcher auf gleichem Princip wie der Orsat'sche beruht.
Die Messröhre A ist oben durch einen Dreiweghahn,

[1] Rodolfi Namias, Stahl und Eisen. 1890, 788.
[2] Ferd. Fischer, Dinglers polyt. Journ. 258, 28.

unten durch einen einfachen Hahn geschlossen und fasst vom
Nullpunkte ab 100 ccm. Ihre Kugel nimmt die Hauptmenge des
Gases auf, der cylindrische Theil ist in $^1/_{10}$ ccm getheilt, dabei
aber so eng, dass sein Fassungsraum nur 5 ccm beträgt. Das
untere Ende der Messröhre steht durch einen engen Gummischlauch mit der Niveauflasche C in Verbindung, welche reines
Wasser enthält; von dem oberen Ende führt ein gläsernes Capillarrohr nach dem Absorptionsgefäss B, welches bis zur Marke
mit Kalilauge gefüllt ist. Die
Füllung der Messröhre mit dem
zu untersuchenden Gase erfolgt durch den Quetschhahnansatz des oberen Dreiweghahnes, im Uebrigen ist die
Handhabung des Apparates
genau diejenige des Orsat'-
schen. Die Anbringung eines
Hahnes im unteren Theile der
Röhre ist nöthig, weil es sich
im vorliegenden Falle um eine
besonders scharfe Einstellung
der Sperrflüssigkeit handelt,
welche ohne denselben nur
schwierig möglich ist. Sobald
die in den communicirenden
Gefässen A und C enthaltenen
Flüssigkeiten in gleiches Niveau
gebracht worden sind, schliesst
man den Hahn ab und nimmt dann erst die Ablesung vor.

Fig. 48.

Anwendung:

Bestimmung der Kohlensäure in künstlich dargestellten Gemischen von Luft und Kohlensäuregas, in
den Wettern der Stein- und Braunkohlengruben, in
Brunnen-, Keller-, Grund-, Gräber-, Athmungsluft,
in kohlensäurearmen Verbrennungsgasen u. s. w.

c. O. Lindemann's Apparat zur Bestimmung des
Sauerstoffs.

(Vom Verfasser abgeändert.)

In ähnlicher Weise lässt sich der Sauerstoffgehalt vieler
Gasgemenge unter Anwendung von feuchtem Phosphor als Ab-

sorptionsmittel bestimmen. Die Bestimmung wird nicht beeinträchtigt durch das Vorhandensein anderer Gase, sofern diese nicht vom Wasser aufgenommen werden oder einen störenden Einfluss auf den Verlauf der Reaction auszuüben vermögen (vgl. S. 72). Insbesondere ist es die Kohlensäure, welche sich dabei nahezu indifferent verhält, was in vielen Fällen willkommen sein kann.

Der hierbei verwendete Apparat ist in Fig. 49 abgebildet. Die Messröhre A trägt oben einen Dreiweghahn, besitzt unten

Fig. 49.

aber keinen Hahnverschluss; ihr Inhalt beträgt von der Nullmarke ab 100^{ccm}, doch erstreckt sich die bis zu $^1/_{10}$^{ccm} gehende Theilung nur auf den cylindrischen Rohrtheil und umfasst im Ganzen 25^{ccm}. Die Niveauflasche C enthält Wasser, das Absorptionsgefäss B ist mit dünnen Phosphorstangen, im Uebrigen aber bis in die Capillare ebenfalls mit Wasser gefüllt. Die Einführung des zu untersuchenden Gases in die Messröhre erfolgt durch den Quetschhahnansatz des Dreiweghahnes; im Uebrigen ist die Handhabung des Apparates derjenigen des Orsat'schen völlig gleich.

Anwendung:

1) Bestimmung des Sauerstoffs in atmosphärischer Luft (kohlensäurefreier oder kohlensäurehaltiger), in Grund-, Gräber-, Athmungsluft, Luft aus den Weldon'schen Oxydirern, in Bessemer-, Bleikammergasen u. a. m.

2) Ermittelung des Sauerstoff-, Stickstoff-Verhältnisses in nichtabsorbirbaren Gasresten, wie solche bei der Behandlung von Gasgemengen, z. B. von Röstgasen, Gasen von der Darstellung des Schwefelsäureanhydrids oder des Chlors nach Deacon's Verfahren, mit alkalischen Flüssigkeiten übrig bleiben.

d. Walther Hempel's Apparate.

Eine überaus wichtige Verbesserung haben die Apparate für die absorptiometrische Gasanalyse durch Walther Hempel[1] erfahren. Es besteht dieselbe in der Anwendung zweckmässig construirter Gaspipetten nach Ettling-Doyère's Princip, deren jede zur Aufnahme eines bestimmten Gasbestandtheils dient und mit Hilfe einer leicht auslösbaren Verbindungscapillare nach Erforderniss an die Gasbürette angesetzt und von dieser wieder abgenommen werden kann. Auf solche Weise erreicht man den Vortheil, die Operationen des Messens eines Gases und seiner Behandlung mit einem oder beliebig vielen Absorptionsmitteln getrennt und in aller Ruhe vornehmen, letztere aber zu einer sehr wirkungsvollen gestalten zu können. Infolgedessen führt das Arbeiten mit den Hempel'schen Apparaten zu Ergebnissen von einer Genauigkeit, wie sie sonst auf dem Wege der technischen Gasanalyse und unter Anwendung wässeriger Sperrflüssigkeiten nicht zu erreichen sind.

1. Die Gasbürette.

a. Die einfache Gasbürette.

W. Hempel's Gasbürette (Fig. 50) besteht aus zwei communicirenden, cylindrischen Glasröhren von etwa 1,5 cm Weite und 65 bis 68 cm Länge. Die Messröhre A endet oben in ein 1 mm weites und 3 cm langes Capillarrohr, auf welches ein 5 cm langes Stück Kautschukschlauch aufgesteckt und durch Umschnürung mit besponnenem Kupferdraht gasdicht festgebunden ist. Es ist unerlässlich, für diesen Verschluss, sowie für den Verschluss der unten zu besprechenden Gaspipetten besten, starkwandigen, schwarzen Schlauch von ungefähr 2 mm innerem und 6 mm äusserem Durchmesser zu wählen. Dicht über dem Ende der Glascapillare trägt das Schlauchstück einen kleinen 5 cm langen Quetschhahn, der beim Nichtgebrauch abgenommen werden muss. Vom Quetschhahnverschluss ab bis zur untersten 3 bis 4 cm über dem Rande des Bürettenfusses liegenden Marke fasst die Messröhre 100 ccm; die Theilung geht bis zu $^1/_5$ ccm, erstreckt sich auf

---

[1] Walther Hempel, Ueber technische Gasanalyse, Habilitationsschrift, Dresden 1877; Neue Methoden zur Analyse der Gase, Braunschweig 1880; Gasanalytische Methoden, Braunschweig 1890.

die ganze Röhrenlänge und läuft, von unten abgerechnet, links
von 0 bis 100, rechts von 100 bis 0. Die Messröhre ist vertikal
in einen aus dünnwandigem, eisernem Hohlguss oder wohl auch
aus schwarzem, polirtem Holz hergestellten Fuss eingekittet, derart,

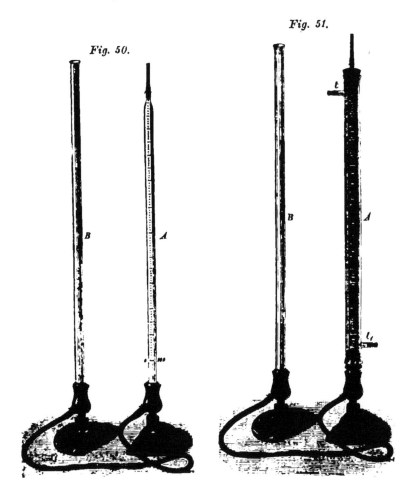

Fig. 50.

Fig. 51.

dass ihr unteres, verjüngtes und seitlich abgebogenes Ende durch
die Wandung dieses Fusses hindurchgeführt ist. Einen gleichen
Fuss besitzt die oben offene Niveauröhre *B*; ihr Rohrende
ist mit demjenigen der Messröhre *A* durch einen 120 cm langen,
dünnen Gummischlauch verbunden, in dessen Mitte man, um
die Entleerung und Reinigung zu erleichtern, ein kurzes Stück

Glasrohr einschaltet und dessen Beweglichkeit ein beliebiges Hoch-
und Tiefstellen der Niveauröhre B ge-
stattet.

Fig. 52.

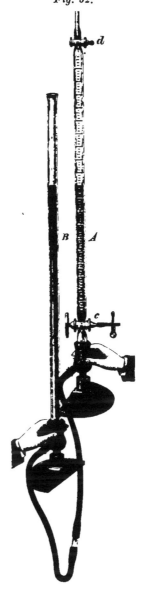

b. Die Gasbürette mit Wasser-
mantel.

Um die mit der Hempel'schen
Bürette ausgeführten Messungen zu möglichst genauen zu machen und das darin
abgesperrte Gas constant auf gleicher
Temperatur zu erhalten, kann man die
Messröhre mit einem 3^{cm} weiten Glasrohr umgeben und den Zwischenraum
mit Wasser füllen. Die Gasbürette
mit Wassermantel ist in Fig. 51 abgebildet und es bleibt nur noch hinzu-
zufügen, dass das mit Gummipfropfen
dicht eingesetzte Mantelrohr oben und
unten mit kleinen Tubulaturen t und t_1
versehen ist, die zur Füllung und Entleerung oder wohl auch zum unaus-
gesetzten ·Durchfluss von gleichmässig
temperirtem Wasser dienen und für gewöhnlich durch kleine Pfropfen verschlossen werden. Für weitaus die
meisten Fälle ist jedoch die Anbringung
eines Wassermantels entbehrlich.

c. Die abgeänderte Winkler'sche
Gasbürette.

Zur Untersuchung von Gasgemengen,
welche nicht über Wasser abgesperrt
werden können, weil einzelne ihrer Bestandtheile leicht und reichlich davon aufgenommen werden, benutzt man eine
Bürette, die aus der S. 79 beschriebenen
hervorgegangen ist und die Hempel
deshalb die abgeänderte Winkler'sche
Gasbürette genannt hat. Dieselbe ist
(Fig. 52) unten durch einen Dreiweghahn c, oben durch den

einfachen Glashahn *d* oder auch durch einen Quetschhahn abgesperrt und der Raum zwischen beiden in genau 100 Theile
(annähernd Cubikcentimeter), diese aber wieder in Fünftel getheilt. Vor der Einfüllung der Gasprobe muss die Messröhre
vollkommen ausgetrocknet werden, nach Befinden dadurch, dass
man sie erst mit Alkohol, dann mit Aether ausspült und nun
einen raschen Luftstrom hindurchführt. Die Füllung erfolgt
mittelst Durchleitens des Gases bis zur Verdrängung aller Luft,
wobei man den Quetschhahnansatz des Hahnes *c* mit der Gasquelle, den Hahn *d* mit dem Aspirator in Verbindung setzt oder

Fig. 53.

Fig. 54.

auch umgekehrt verfährt. Im Uebrigen sind Anordnung und
Handhabung dieselben wie bei der Hempel'schen Bürette. ·

2. Die Gaspipette.

a. Die einfache Absorptionspipette.

Die einfache Absorptionspipette besteht aus zwei auf
ein Holzstativ (Fig. 53) oder ein eisernes Stativ (Fig. 54) befestigten Glaskugeln *a* und *b*, die durch ein gebogenes Rohr
communiciren und an deren erste eine heberartige Capillar-
röhre *c* angesetzt ist, die einige Centimeter über das Stativ
hinausragt und in ein Stück dickwandigen Gummischlauch endet.
Die Kugel *a* hat ungefähr 200^{ccm} Inhalt, die Kugel *b* soll 150^{ccm}
fassen; ist Letztere kleiner, wasdurch Verschulden des Glas-
bläsers sehr oftvorkommt, so ist die Pipette zu verwerfen. Um
die Füllung vorzunehmen, giesst man die Absorptionsflüssigkeit

mittelst eines Trichters in die weite Rohrmündung von b ein und saugt durch die Capillare c die in a befindliche Luft mit dem Munde ab, bis der Flüssigkeitsstand in c die aus der Abbildung ersichtliche Höhe erreicht hat. Die Pipettenkugel a ist dann vollständig gefüllt, während die Kugel b nahezu leer bleibt und Raum genug bietet, um beim Einfüllen eines Gases in die Pipette durch das Capillarrohr c die aus a verdrängte Flüssigkeit aufzunehmen. Während des Gebrauches der Pipette wird ihr Schlauchansatz mit einem kleinen Quetschhahn verschlossen, der jedoch bei der späteren Aufbewahrung derselben entfernt und durch ein eingeschobenes Glasstäbchen ersetzt werden muss. Man schiebt das Glasstäbchen immer bei geschlossenem Quetschhahn ein und entfernt diesen dann erst, weil im anderen Falle Luft in die Capillare gedrückt und der Flüssigkeitsfaden zerrissen wird. Sollte Letzteres geschehen sein, so muss man die Capillare durch kurzes Saugen am Rohransatz von b nach a hin entleeren und sie sodann durch Einblasen von Luft nach b wieder füllen. Der Rohransatz von b wird während der Aufbewahrung der Pipette mit einem kleinen Kork verschlossen, doch sei es immer das Erste, denselben vor der Benutzung wieder abzunehmen. Jede Pipette wird mit einer auf das Stativ befestigten Etikette versehen, welche ihren Inhalt bezeichnet.

Fig. 55.

b. Die einfache Absorptionspipette für feste und flüssige Reagentien.

Soll die Absorption eines Gases nicht mit einer Flüssigkeit allein, sondern unter gleichzeitiger Zuhilfenahme eines festen Körpers bewirkt werden, wie das z. B. der Fall ist bei der Absorption des Sauerstoffs durch Phosphor und Wasser oder durch Kupferdrahtgewebe und Ammoniak, so tritt an die Stelle der Kugel der cylindrische Theil a (Fig. 55), an welchen unten ein mit Kautschukpfropfen dicht verschliessbarer genügend weiter Hals angesetzt ist, durch den man das feste Absorptionsmittel

7*

einführen kann. An Stelle des Kautschukpfropfens lässt sich auch ein mit einem Gummiring gedichteter cylindrischer Hohl-körper aus Glas verwenden. Im Uebrigen gilt für diese Pipette alles unter *a* Gesagte.

c. Die zusammengesetzte Absorptionspipette.

Handelt es sich um die Aufbewahrung von Absorptions-flüssigkeiten, welche, wie die Lösung der Pyrogallussäure oder diejenige des Kupferchlorürs, nicht mit Sauerstoff in Berührung kommen dürfen, so gibt man der Gaspipette ausser den Kugeln *a* und *b* ein zweites Kugelpaar *c* und *d* (Fig. 56), welches zur

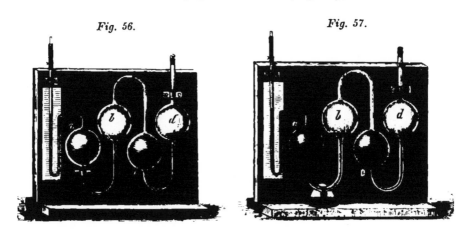

Fig. 56.   *Fig. 57.*

Aufnahme von Wasser als Sperrmittel dient. Die Füllung der-artiger Pipetten muss durch das an die Kugel *a* angeschmolzene Capillarrohr erfolgen und sie geschieht auf die Weise, dass man auf dessen Ende ein mindestens meterlanges Trichterrohr aufsetzt, durch welches man die Absorptionsflüssigkeit eingiesst. Will man die Füllung durch einen kurzen Trichter bewerkstelligen, so ist auch das möglich, nur muss man dann an das Ausgangs-ende der Kugel *d* einen Kautschukschlauch mit Quetschhahn an-stecken und durch zeitweiliges Saugen an demselben die in der Pipette befindliche Luft verdünnen. Recht empfehlenswerth ist es auch, am tiefsten Punkte des die Kugeln *a* und *b* verbinden-den Rohres einen kurzen, mit Quetschhahn oder Glasstab ver-schliessbaren Glasstutzen anzuschmelzen (Fig. 57), an diesen einen mit Trichter versehenen Schlauch anzustecken und durch diesen die Füllung zu bewirken. Ist sie erfolgt, so wird der Quetschhahn abgenommen und das an der Tubulatur befindliche kurze Schlauchende durch Einschieben eines kleinen Glasstabes geschlossen. Das Stativ muss, sofern es aus Holz besteht, zu diesem Zwecke einen Ausschnitt erhalten. Das als Sperrmittel dienende Wasser wird durch den Rohransatz der Kugel d eingegossen.

d. Die zusammengesetzte Absorptionspipette für feste und flüssige Reagentien.

In vorbeschriebener Weise kann man auch die unter b beschriebene Pipette mit einem zweiten, zur Aufnahme von Sperrwasser dienenden Kugelpaar versehen, was ohne Abbildung verständlich ist.

Anordnung und Handhabung der W. Hempel'schen Apparate.

Anordnung.. Die Anordnung der Hempel'schen Apparate wird durch Fig. 58 veranschaulicht. Man verbindet, die Messröhre A der Gasbürette und die Capillare der Absorptionspipette C, nachdem man Beide mit Quetschhähnen versehen hatte, durch das gläserne Capillarrohr E, welches man sich anfertigt, indem man ein Glasrohr von 18^{cm} Länge, 5^{mm} äusserem Durchmesser und 1^{mm} lichter Weite beiderseitig auf etwa 4 bis $4^{1}/_{2}{}^{cm}$ rechtwinkelig umbiegt und seine Enden in der Flamme gehörig rundet. Die Pipette, deren Korkverschluss abzunehmen man nicht vergessen darf, wird zu dem Ende auf die zweckmässig schwarzgebeizte Holzbank D gestellt, welche $46{,}5^{cm}$ hoch, $37{,}5^{cm}$ breit und $10{,}0^{cm}$ tief ist.

Handhabung. Vor Einsetzung der Verbindungscapillare E hat man die Gasprobe zu nehmen. Man hebt die vorher mit Wasser gefüllte Niveauröhre B mit der linken Hand empor und öffnet mit der rechten den Quetschhahn der Messröhre A bis diese gefüllt ist und das Wasser auszutreten beginnt. Hierauf verbindet man den Schlauch des Quetschhahns mit dem bereits mit Gas gefüllten Saugrohre, setzt die Niveauröhre auf den Boden des Zimmers und öffnet jenen aufs Neue, wobei unter Rücktritt des Wassers in die Niveauröhre das Ansaugen der Gasprobe stattfindet. Man lässt etwas mehr als 100^{ccm} Gas eintreten, comprimirt dieses dann durch Heben der Niveauröhre, bis der Wasserstand in der Messröhre die Nullmarke überschritten hat, klemmt den Verbindungsschlauch dicht an der Ansatzstelle mit den Fingern ab, stellt die Niveauröhre wieder tief und lässt

durch vorsichtiges Lüften des Schlauchs soviel Wasser zurück-
treten, dass die Nullmarke eben erreicht wird.   Dann öffnet man
bei noch immer abgeschlossenem Verbindungsschlauch einen

Fig. 58.

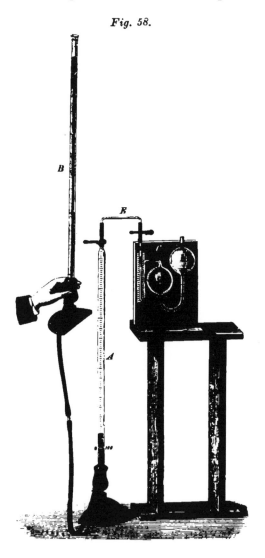

Augenblick den Quetschhahn der Messröhre, damit das in dieser
eingeschlossene Gas durch Entweichen des Ueberschusses sich
unter atmosphärischen Druck stelle.   Auf diese Weise gelingt es,

wie man sich durch Gleichstellung der Flüssigkeitsniveaus in beiden Röhren überzeugen kann, gerade 100^{ccm} Gas zur Abmessung zu bringen. Bei genauen Messungen muss man dem Wasser die zum Zusammenfliessen erforderliche Zeit lassen (S. 34), wobei eine Verminderung des Gasvolumens auf 99,8^{ccm} einzutreten pflegt.

Nach Abmessung des Gases schreitet man zur Absorption seiner absorbirbaren Bestandtheile. Die Messröhre A wird durch Einschaltung des Capillarrohres E mit der Pipette C verbunden, der Quetschhahn der Ersteren behufs dauernder Oeffnung auf deren Rohransatz aufgesetzt, sodann die Niveauröhre B mit der Linken hochgehalten und gleichzeitig mit der Rechten der Quetschhahn der Pipette C geöffnet. Das Gas tritt nun aus der Messröhre in die Pipettenkugel a über, deren Flüssigkeitsinhalt in die Kugel b verdrängend. Wenn die Ueberführung erfolgt ist, schliesst man beide Quetschhähne und nimmt die Pipette ab. Durch gelindes Schwenken derselben oder durch sanftes (nicht heftiges) Durchschütteln ihres Inhaltes vollzieht sich die Absorption des zu bestimmenden Gasbestandtheils, und in der Regel ist dieselbe in zwei Minuten, oft aber, wie z. B. bei Kohlensäure, auch schon viel früher beendet. Jetzt wird die Pipette wieder mit dem Capillarrohr E verbunden, die Niveauröhre auf den Boden gestellt und das Gas durch vorsichtiges Oeffnen beider Quetschhähne in die Messröhre zurückgefüllt, wobei man darauf zu achten hat, dass die Absorptionsflüssigkeit zuletzt bis eben in den aufsteigenden Endschenkel der Pipettencapillare, nicht aber bis in die Verbindungscapillare oder gar bis in die Messröhre übertritt. Bei manchen, zum Schäumen geneigten Flüssigkeiten, wie z. B. bei der alkalischen Lösung der Pyrogallussäure, ist dies nicht immer ganz zu vermeiden; sollten dadurch die Schlauchverbindungen so schlüpfrig werden, dass das Capillarrohr nicht mehr festsitzen will, sondern abrutscht, so nimmt man Letzteres bei geschlossenen Quetschhähnen vorübergehend ab, spült dasselbe und ebenso die Schlauchansätze mit Wasser ab und befeuchtet die schlüpfrig gewordenen Stellen mit etwas verdünnter Essigsäure, die man am bequemsten mit Hilfe eines Glasstabes in die Schlauchmündungen einführt.

Nach erfolgter Zurückfüllung des Gases in die Bürette wird die Pipette abgenommen, mit Glasstab und Korkpfropfen verschlossen und nach Entfernung des Quetschhahns auf ihren Aufbewahrungsort zurückgebracht. Man verschreitet sodann zur

Messung des Gasvolumens. Zunächst stellt man die Niveauröhre auf den Fussboden und wartet das Zusammenfliessen des Sperrwassers in der Bürette ab. Nach Ablauf von zwei Minuten kann dasselbe als beendet angesehen werden; man hebt nun erst die Messröhre mit der Rechten, dann die Niveauröhre mit der Linken empor, bis sich der Flüssigkeitsspiegel in Beiden in der Höhe des Auges in gleicher Ebene befindet, und liest den Flüssigkeitsstand ab. Hat man auf solche Weise den einen Gasbestandtheil zur Absorption und Bestimmung gebracht, so kann das Gleiche bei jedesmal gewechselter Pipette mit einem zweiten und dritten geschehen.

Anwendung:

1) Bestimmung der Kohlensäure in einem Gemenge von Luft und Kohlensäuregas oder in Rauch-, Hohofen-, Kalkofen-, Generatorgasen etc. unter Anwendung von Kalilauge.

2) Bestimmung des Sauerstoffs in der atmosphärischen Luft unter Anwendung von

Phosphor und Wasser
    oder
Pyrogallussäure in alkalischer Lösung
    oder
Kupfer und Ammoniak
    oder
weinsaurem Eisenoxydul in alkalischer Lösung.

3) Bestimmung von Ammoniak, salpetriger Säure, Stickoxyd, Stickoxydul, Chlor, Chlorwasserstoff, Schwefelwasserstoff, schwefliger Säure unter Anwendung einer abgeänderten Winkler'schen Bürette und einfacher Absorptionspipetten, welche gefüllt sind bei Bestimmung von

Ammoniak	mit verdünnter Schwefelsäure,
salpetriger Säure	» conc. Schwefelsäure oder mit durch Schwefelsäure angesäuertem übermangansaurem Kalium,
Stickoxyd	» conc. Eisenvitriollösung oder mit durch Schwefelsäure angesäuertem übermangansaurem Kalium,
Stickoxydul	» Alkohol (mangelhaft).
Chlor	» Kalilauge,

Chlorwasserstoff mit Kalilauge,
Schwefelwasserstoff »   »
schwefliger Säure »   »   oder Jodlösung.

4) Bestimmung von Kohlensäure, Sauerstoff und Stickstoff nebeneinander in Rauchgasen, Kalkofengasen u. s. w. durch aufeinanderfolgende Absorption, beziehentlich directe Messung

a. der Kohlensäure durch Kalilauge;
b. des Sauerstoffs durch Phosphor und Wasser
    oder
    durch Pyrogallussäure in alkalischer Lösung
    oder
    durch Kupfer und Ammoniak
    oder
    durch weinsaures Eisenoxydul in alkalischer Lösung;
c. des Stickstoffs als Rest.

5) Bestimmung von Kohlensäure, Sauerstoff, Kohlenoxyd und Stickstoff nebeneinander in Rauch-, Hohofen-, Generatorgasen u. s. w. durch aufeinanderfolgende Absorption, beziehentlich directe Messung

a. der Kohlensäure durch Kalilauge;
b. des Sauerstoffs durch Phosphor und Wasser
    oder
    durch Pyrogallussäure in alkalischer Lösung
    oder
    durch weinsaures Eisenoxydul in alkalischer Lösung;
c. des Kohlenoxyds durch ammoniakalisches Kupferchlorür in
    zwei Pipetten;
d. des Stickstoffs als Rest.

6) Bestimmung von Kohlensäure, Aethylen (Propylen, Butylen), Benzol, Sauerstoff und Kohlenoxyd nebeneinander im Leuchtgase, Generatorgase u. s. w. durch aufeinanderfolgende Absorption von

a. Kohlensäure durch Kalilauge;
b. Aethylen (Propylen, Butylen), Benzol durch rauchende
    Schwefelsäure unter darauffolgender Entfernung des
    Säuredampfes in der Kalipipette;
c. Sauerstoff durch Pyrogallussäure in alkalischer Lösung oder
    weinsaures Eisenoxydul in alkalischer Lösung;

d. Kohlenoxyd durch ammoniakalisches Kupferchlorür in zwei
   Pipetten;
e. Wasserstoff ⎫
   Methan   ⎬ nicht absorbirbarer Rest.
   Stickstoff ⎭

2. Titrimetrische Bestimmung.

Die titrimetrische Bestimmung von Gasen ist im Allgemeinen
bereits S. 49 besprochen worden. Die Zusammensetzung der zur
Anwendung kommenden Titerflüssigkeiten findet sich in
tabellarischer Zusammenstellung im Anhange angegeben.

**A. Titrimetrische Bestimmung des absorbirbaren Gasbestandtheils
unter gleichzeitiger Messung des Gesammtgasvolumens.**

W. Hesse's Apparat.

Anordnung. Eine conische, starkwandige Absorptionsflasche aus weissem Glase (Fig. 59) von ungefähr 600 ᶜᶜᵐ, nach
Erforderniss wohl auch geringerem oder grösserem Inhalte wird
im Halse mit einer kreisrunden Marke versehen, ihr sich bis zu
dieser erstreckender Fassungsraum ein- für allemal genau aus-
gemessen und durch Einätzung auf der äusseren Wandung verzeichnet. Bis zu dieser Marke lässt sich ein doppelt durchbohrter Gummistopfen, dessen Bohrungen nicht zu nahe aneinander
stehen dürfen, dichtschliessend einschieben. Seine Bohrungen
dienen ebensowohl zur Aufnahme von oben knopfartig verdickten
oder rechtwinkelig abgebogenen Glasstabverschlüssen, wie zu
derjenigen von Zu- und Ableitungsröhren, Pipetten- und Bürettenspitzen. Letzteren giebt man zweckmässig eine Länge von
8 bis 10 ᶜᵐ.

Die Einführung der zur Verwendung gelangenden titrirten
Absorptionsflüssigkeit in gedachte Flasche erfolgt entweder mit
Hilfe einer Vollpipette oder, falls man im Laboratorium arbeitet,
besser unter Anwendung einer stationären, mit Schwimmer versehenen Zu- und Abflussbürette mit Quetschhahn. Die Rück-
titrirung des verbliebenen Ueberschusses an Absorptionsmittel
bewirkt man dagegen mittelst einer Glashahnbürette, deren
Ausflussspitze in der in der Abbildung veranschaulichten Weise
in die eine Durchbohrung des Verschlussstopfens eingeschoben wird.

Handhabung. Um die Gasprobe zu nehmen, füllt man
die conische Absorptionsflasche mit Wasser und entleert dieses
innerhalb des mit dem zu untersuchenden Gase erfüllten Raumes,
worauf man den bereits mit Glasstabverschlüssen versehenen
Kautschukpfropfen aufsetzt und ihn bis zur Marke einschiebt.
Soll die Anwendung von Wasser vermieden werden, so setzt man,
wie in Fig. 60, welche die Entnahme einer
Luftprobe aus dem Erdboden veranschaulicht,

Fig. 59.

den mit Zu- und Ableitungsrohr versehenen
Kautschukpfropfen auf die leere, trockene
Flasche auf und saugt das Gas mit Hilfe
einer Kautschukpumpe an. Ist die Füllung
beendet, so schiebt man das Ende des Zu-
leitungsrohres bis zum Pfropfen empor, ersetzt es rasch durch einen Glasstabverschluss
und wechselt hierauf einen solchen auch
gegen das mit der Pumpe verbundene
kürzere Schenkelrohr ein.

Es folgt nun die Bestimmung des absorbirbaren Gasbestandtheils mit Hilfe einer
in gemessenem Ueberschuss anzuwendenden
Titerflüssigkeit, welche man aus einer
Bürette oder Vollpipette derart einfliessen
lässt, dass man die Ausflussspitze der
Letzteren nach Entfernung des Glasstab-
verschlusses in die eine Durchbohrung des
Pfropfens einführt, wobei man den zweiten
Glasstabverschluss nach Erforderniss lüftet.
Sodann nimmt man die Pipette wieder ab
und setzt an ihrer Stelle behende den
früheren Glasstabverschluss ein. Während
der beschriebenen Operation entweicht ein
dem Volumen der eingeführten Titerflüssig-
keit gleiches Volumen Gas, welches von der ursprünglich angewendeten Gasmenge, also vom Inhalte des Absorptionsgefässes,
in Abzug zu bringen ist.

Man lässt nun Gas und Flüssigkeit unter häufigem sanften
Umschwenken der Flasche solange in Berührung, bis man der
Vollendung der Absorption sicher sein kann, controlirt inmittelst
den Titer und misst hierauf, indem man die Glashahnbürette in
bereits gefülltem Zustande in die eine Durchbohrung des Ver-

schlusspfropfens einsetzt und ihren Inhalt durch entsprechendes
Oeffnen zum stetigen, tropfenweisen Ausfluss bringt, unter Umschwenken der Flasche den Ueberschuss des Absorptionsmittels
mit einer zweiten, womöglich gleichwerthigen Titerflüssigkeit
zurück. Bei Anwendung von Normallösungen entspricht die gefundene Differenz dem bereits corrigirten Volumen des absorbirten Gasbestandtheils in Cubikcentimetern und aus ihm, sowie
aus dem noch zu corrigirenden Volumen des zur Untersuchung
verwendeten Gases, ergiebt sich durch Proportionsrechnung der

Fig. 60.

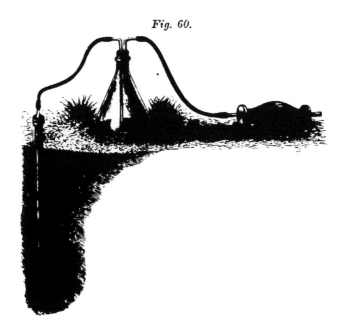

procentale Gehalt des Letzteren an dem zur Bestimmung ge-
brachten Gasbestandtheil.

Die Methode eignet sich besonders zur Bestimmung kleiner
Gehalte und giebt sehr befriedigende Resultate.

Anwendung:

1) Bestimmung der Kohlensäure in der atmosphä-
rischen Luft, in Athmungs-, Zimmer-, Gruben-, Keller-,
Mauer-, Grund-, Gräberluft im Leuchtgase u. s. w. unter
Anwendung von titrirtem Barytwasser zur Absorption, Normal-
Oxalsäure zum Rücktitriren und Phenolphtaleïn als Indicator.

Das Barytwasser lässt sich seiner Veränderlichkeit halber nicht gut dauernd auf normal einstellen und wird deshalb empirisch, aber doch annähernd normal, verwendet. Die Oxalsäure äussert keinen Angriff auf das kohlensaure Barium, sobald ihr Zusatz ein allmählicher, tropfenweiser ist, doch kann sie nicht durch eine andere Säure ersetzt werden. Das Phenolphtaleïn wird in dünner, alkoholischer Lösung, in möglichst geringer, nur wenige Tropfen betragender und zu deutlicher Rothfärbung eben ausreichender Menge zugegeben.

Beispiel:

Barometerstand (B) 726^{mm},
Thermometerstand (t) 21°,
Titer der Oxalsäure normal; 1^{ccm} = 1^{ccm} Kohlensäure,
Titer des Barytwassers empirisch; 1 » = 8,88^{ccm} Normal-Oxalsäure,
= 0,88 » Kohlensäure,
Inhalt der Absorptionsflasche 618 »
Angewendetes Barytwasser 10 »

demnach:

Zur Untersuchung verwendete Luft 608^{ccm}
10^{ccm} Barytwasser erfordern 8,8^{ccm} Oxalsäure à 1^{ccm} Kohlensäure,
Beim Rücktitriren verbraucht 6,0 » » » » »
Differenz 2,8 » » » » »

Somit gefunden in:

608,0^{ccm} Luft von 726^{mm} B, 21° t, feucht,
2,8 » Kohlensäure » 760 » » 0° » trocken;

das ist corrigirt:

525,5^{ccm} Luft von 760^{mm} B, 0° t, trocken,
2,8 » Kohlensäure » 760 » » 0° » »

Gefundener Gehalt 0,53 Vol. Proc. Kohlensäure.

Bei der Bestimmung sehr kleiner Gehalte, z. B. bei der Ermittelung des Kohlensäuregehaltes der normalen Luft, empfiehlt es sich, mit Zehntel-Normallösungen zu arbeiten. Vielfach wird es vorgezogen, den gefundenen Kohlensäuregehalt, statt in Procenten, in Zehntausendtheilen auszudrücken. Der Gehalt der im vorstehenden Beispiele erwähnten Luft würde demnach 53 Zehntausendtheile betragen haben. Ueblich und gewiss nicht unzweckmässig ist es endlich, die Angabe auf den Liter zu beziehen, den Gehalt also in Tausendtheilen — hier 5,3^{ccm} im Liter — auszudrücken.

2) **Bestimmung von Chlorwasserstoff in den Gasen
der Sulfatöfen, der Salzsäurecondensatoren, der Röst-
öfen für chlorirende Röstung u. a. m.** unter Anwendung
einer normalen Silberlösung zur Absorption und einer Normallösung von sulfocyansaurem Ammonium zum Rücktitriren, sowie
einer Eisenalaunlösung als Indicator. Das Verfahren lässt sich
auch dahin abändern, dass man die Absorption des Chlorwasserstoffs durch Einfliessenlassen eines bekannten Volumens Kalilauge bewerkstelligt und diese sodann nach dem Ansäuern mit
Salpetersäure, wie angegeben, nach Volhard's Methode titrirt.
(Rechnung s. S. 109.)

In gleicher Weise lässt sich Cyanwasserstoff bestimmen.

3) **Bestimmung des Chlors in den Gasen der Chlor-
entwickeler, der Deacon'schen Zersetzer u. s. w.** Man
bewirkt die Absorption durch eine normale Auflösung von arseniger Säure in saurem kohlensaurem Natrium und misst den
angewendeten Ueberschuss mit Normal-Jodlösung zurück. Als
Indicator dient klare Stärkelösung. (Rechnung s. S. 109.)

Zur **Bestimmung von Chlor neben Chlorwasserstoff**
verwendet man ein zweites Gasvolumen, bringt beide Gase durch
eine Auflösung von arseniger Säure in saurem kohlensaurem
Natrium zur Absorption, säuert mit Salpetersäure an und titrirt
die Gesammtmenge des Chlorwasserstoffs, d. i. die ursprünglich
vorhanden gewesene plus der aus dem Chlor hervorgegangenen,
mit Silberlösung und sulfocyansaurem Ammonium, wie bei 2.
Bei der Rechnung hat man zu berücksichtigen, dass je 1 Vol.
Chlor 2 Vol. Chlorwasserstoff liefert. Es ist also, um das
Volumen des ursprünglich vorhanden gewesenen Chlorwasserstoffs zu finden, vom gesammten Chlorwasserstoff-Volumen
das doppelte Volumen des gefundenen freien Chlors in Abzug
zu bringen.

4) **Bestimmung der schwefligen Säure in Röst- und
Rauchgasen, in den Gasen der Ultramarin-, Glasfabriken u. a. m.** Man bewirkt die Absorption durch eine Auflösung
von saurem kohlensaurem Natrium von beliebiger, aber nicht
unnütz grosser Concentration, setzt etwas klare Stärkelösung zu
und titrirt mit Normal-Jodlösung bis zum Eintritt der blauen
Farbe. (Rechnung s. S. 109.) .

5) **Bestimmung des Schwefelwasserstoffs im Leuchtgas, Generatorgas u. a. m.** Durch Absorption mit einer Auflösung von saurem kohlensaurem Natrium und Titriren mit

Normal-Jodlösung unter Zusatz von Stärke bis zum Eintritt der blauen Farbe. (Rechnung s. S. 109.)

B. Titrimetrische Bestimmung des absorbirbaren Gasbestandtheils unter gleichzeitiger Messung des nichtabsorbirbaren Gasrestes.

a. F. Reich's Apparat.

Anordnung. Als Absorptionsgefäss dient die dreihalsige Flasche *A* (Fig. 61), welche durch den mit Kautschuk-Voll-pfropfen versehenen mitt-leren Tubulus bis etwa zur Hälfte mit Absorptions-flüssigkeit gefüllt wird. Durch die eine seitliche Tubulatur führt ein zur umgebogenen Spitze aus-gezogenes, oder wie G. Lunge[1] empfiehlt, mit vielen nadelfeinen Oeff-nungen und mit Quetsch-hahn *q* versehenes Gas-zuführungsrohr, durch die andere ein Gasableitungs-rohr, welches Letztere in dichter Schlauchverbin-dung mit dem mit Wasser gefüllten Blechaspira-tor *B* steht. Unter die mit dem Hahn *h* ver-sehene, lange Ausfluss-spitze des Aspirators stellt man einen mit Cubik-centimetertheilung ver-sehenen Glascylinder, *C*, welcher das aus-fliessende Wasser aufzu-fangen und bis zum Be-trage von 0,5 l zu messen gestattet.

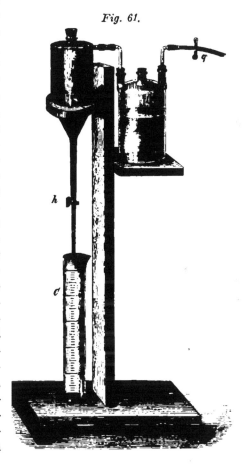

Fig. 61.

Handhabung. Man füllt das Absorptionsgefäss *A* reichlich

---

[1] G. Lunge, Zeitschr. f. angew. Chemie. 1890, 563.

zur Hälfte, den Aspirator B fast ganz mit Wasser, setzt sämmtliche Verschlusspfropfen fest ein, schliesst den Quetschhahn q
und prüft nun vor Allem den Apparat auf Dichtheit. Es geschieht dies einfach durch Oeffnen des Hahnes h; geht hierbei
der anfängliche Wasserausfluss bald in ein immer langsamer
werdendes Tröpfeln über, um zuletzt ganz aufzuhören, so ist
dichter Schluss des Apparates vorhanden.

Behufs Vornahme einer Gasuntersuchung pipettirt man in
das Absorptionsgefäss A ein angemessenes Volumen Titerflüssigkeit, fügt erforderlichenfalls einen Indicator zu und setzt sodann
den mittlen Verschlusspfropfen wieder dicht ein. Hierauf füllt
man unter Anwendung einer kleinen Kautschukpumpe das Saugrohr bis zum Quetschhahn q mit dem zu untersuchenden Gase
und lässt durch den Hahn h vorerst solange Wasser abfliessen,
bis die im Gaszuleitungsrohre stehende Flüssigkeit eben bis zu
dessen Spitze herabgedrückt wird, auch wohl eine erste, einzige
Gasblase zum Austritt gelangt. Letztgedachte Operation hat den
Zweck, die im Gefässe A befindliche Luft auf den bei der
Beobachtung herrschenden Verdünnungsgrad zu bringen. Das
abgeflossene Wasser wird weggegossen, der leere Messcylinder C
aber wieder unter den Aspirator gestellt.

Die Messung selbst erfolgt auf die Weise, dass man den
Quetschhahn q vollständig und sodann den Hahn h am Aspirator
eben bis zum Ansaugen des Gases öffnet, welches Letztere man
unter zeitweiligem Umschwenken von A in langsamem Strome
und solange durch die Absorptionsflüssigkeit hindurchführt, bis
der Indicator den Vollzug der Reaction kundgiebt. Im nämlichen
Momente schliesst man den Hahn h und beendigt damit den
Versuch. Natürlich kann sich an denselben nach Zugabe eines
frischen Quantums Absorptionsflüssigkeit unmittelbar ein zweiter
anschliessen und nur zeitweilig macht sich die Entleerung,
Reinigung und Neufüllung des Gefässes A nöthig.

Das in den Cylinder C ausgeflossene Wasserquantum wird
gemessen. Sein Volumen entspricht demjenigen des nichtabsorbirbaren Gasrestes, während das Volumen des absorbirten Gasbestandtheils sich aus Menge und Wirkungswerth der angewendeten Titerflüssigkeit ergiebt. Die Rechnung ist nun einfach
folgende:

Angenommen, es betrage das Volumen der angewendeten
normalen Titerflüssigkeit n^{ccm}, dasjenige des ausgeflossenen Wassers
m^{ccm}, so würden, abgeschen von allen Correctionen, entsprechen:

n dem Volumen des absorbirten Gasbestandtheils,

m dem Volumen des nichtabsorbirbaren Gastheils,

n + m dem Volumen des zur Untersuchung verwendeten Gases.

Der Gehalt des untersuchten Gases an dem auf dem Wege der Titrirung ermittelten absorbirbaren Gasbestandtheil würde dann $\frac{100 \cdot n}{n + m}$ Vol.-Proc. betragen.

Bei genauen Bestimmungen hat man aber zu berücksichtigen, dass

n ein corrigirtes Gasvolumen,

m ein nichtcorrigirtes Gasvolumen

bedeutet. Man wird also, um ein richtiges Resultat zu erlangen, *m* mit Hilfe der S. 27 gegebenen Reductionsformel, oder der im Anhange enthaltenen Tabelle, oder endlich unter Benutzung des S. 29 beschriebenen Vergleichungs-Apparates noch zu corrigiren haben, bevor man die Rechnung ausführt.

Anwendung:

1) Bestimmung der schwefligen Säure in Röstgasen. Man versetzt das im Absorptionsgefässe enthaltene Wasser mit wenig klarer Stärkelösung, giebt mit Hilfe einer Pipette ein entsprechendes Volumen normaler Jodlösung zu und saugt das zu untersuchende Gas solange durch die Flüssigkeit, bis die Entfärbung sich bis auf einen schwachen Rest von Blau vollzogen hat. Die Herbeiführung vollkommener Entfärbung empfiehlt sich um deshalb nicht, weil sie leicht eine Ueberstürzung des Versuches in sich schliesst; jedenfalls muss man, wenn sie eingetreten sein sollte, die Flüssigkeit durch Zugabe eines oder mehrerer Tropfen Jodlösung wieder schwach blau färben, bevor man eine zweite Bestimmung vornimmt. Unter Umständen, insbesondere bei der Untersuchung armer Gase, kann es sich empfehlen, der im Absorptionsgefässe enthaltenen Flüssigkeit etwas saures kohlensaures Natrium zuzusetzen:

Beispiel:

Barometerstand (*B*) 732^{mm},

Thermometerstand (*t*) 18°,

Titer der Jodlösung normal; 1^{ccm} = 1^{ccm} schwefliger Säure,

Angewendete Jodlösung (*n*) 25 »

Ausgeflossenes Wasser (*m*) 295 »

Je nach Schärfe der Rechnungsweise wird sich hieraus der Gehalt des Gases an schwefliger Säure wie folgt ergeben:

a. Bei Vernachlässigung jeder Correction beträgt der Gehalt:

$$\frac{100 \cdot n}{n+m} = \frac{100 \cdot 25}{25+295} = 7{,}81 \text{ Vol.-Proc.}, \; SO_2$$

b. Bei genauer Correction hat man zu berücksichtigen, dass

$$n = 25^{ccm} \text{ bei } 760^{mm} B, \; 0^\circ t, \text{ trocken,}$$
$$m = 295 \text{ » } \text{ » } 732 \text{ » } \text{ » } 18^\circ \text{ » feucht,}$$

gemessen worden ist. m muss deshalb auf den Normalzustand reducirt werden, wobei man erhält:

$$m = 260{,}97^{ccm} \text{ bei } 760^{mm} B, \; 0^\circ t, \text{ trocken.}$$

Setzt man diese corrigirte Zahl in die Berechnungsformel ein, so ergiebt sich der (richtige) Gehalt zu

$$\frac{100 \cdot n}{n+m} = \frac{100 \cdot 25}{25+260{,}97} = 8{,}74 \text{ Vol.-Proc. } SO_2$$

c. Eine ohngefähre Correction wird erhalten, wenn man das direct abgelesene Volumen m unverändert einsetzt, dafür aber das dem Normalzustande entsprechende Volumen n auf die mittlen Druck- und Temperaturverhältnisse des Ortes umrechnet. Den im Verlaufe eines Jahres angestellten Beobachtungen zufolge entspricht z. B. 1^{ccm} normal in Freiberg durchschnittlich $1{,}118^{ccm}$. Man wird also hier ein annähernd richtiges Resultat erhalten, wenn man an Stelle von n die Grösse $n \cdot 1{,}118$ in die Rechnung einsetzt:

$$\frac{100 \cdot n}{n+m} = \frac{100 \cdot 25 \cdot 1{,}118}{(25 \cdot 1{,}118)+295} = 8{,}65 \text{ Vol.-Proc. } SO_2$$

2) Bestimmung der Gesammtsäure in Röstgasen. Da Röstgase, insbesondere die von der Kiesröstung herrührenden, einen erheblichen Gehalt an Schwefelsäureanhydrid aufzuweisen pflegen, welcher bis zu einer dem zehnten Theile ihres Schwefelgehaltes entsprechenden Höhe anwachsen kann, bei der Titrirung mit Jodlösung aber selbstverständlich der Bestimmung entgeht, so hat G. Lunge[1] empfohlen, den Werth jener Gase nicht bloss nach dem Gehalte an schwefliger Säure, sondern nach demjenigen an Gesammtsäure ($SO_2 + SO_3$), ausgedrückt als schweflige Säure, zu bemessen. In solchem Falle dient als Absorptionsmittel eine am besten gasnormale Auflösung von Kalium- oder Natriumhydroxyd, von der man dem im Gefässe A enthaltenen Wasser ein geeignetes Volumen zugiebt. Den Indicator bildet eine alkoholische Lösung von Phenolphtaleïn (1 : 1000),

---

[1] G. Lunge, Zeitschrift für angew. Chemie. 1890, 563.

von der wenige Tropfen genügen, um die Flüssigkeit intensiv roth zu färben. Das Durchsaugen des Gases wird nicht fortlaufend, sondern in Absätzen vorgenommen und dazwischen immer längere Zeit, etwa eine halbe Minute lang, geschüttelt, um vollkommener Absorption sicher zu sein. In dem Maasse als die Neutralisation des Alkalis sich dem Ende nähert, verblasst die rothe Farbe der Flüssigkeit; das Verschwinden der letzten Rosafärbung wird selbst im Zwielicht oder bei künstlicher Beleuchtung durch Anwendung einer weissen Papierunterlage genügend scharf erkennbar. Der Eintritt des Farbenumschlags bezeichnet die Bildung von neutralem schwefligsaurem und schwefelsaurem Salz, nur ist es nicht zulässig, an Stelle des Phenolphtaleïns einen anderen Indicator anzuwenden. Ausser der Bestimmung der Gesammtsäure nach dem vorbeschriebenen Verfahren kann man nach Methode 1 die Ermittelung des Gehaltes an schwefliger Säure vornehmen; der Gehalt des Röstgases an Schwefelsäureanhydrid ergiebt sich dann aus der Differenz.

Beispiel:
Stand des Correctionsapparates (S. 29) $113{,}2^{ccm}$.

a. Bestimmung der schwefligen Säure.
Titer der Jodlösung normal; $1^{ccm} = 1^{ccm}$ schwefliger Säure,
Angewendete Jodlösung (n) 25^{ccm},
Ausgeflossenes Wasser (m) $320^{ccm} = 282^{ccm}$ corr.

$$\frac{100 \cdot n}{n + m} = \frac{100 \cdot 25}{25 + 282} = 8{,}23 \text{ Vol.-Proc. } SO_2.$$

b. Bestimmung der Gesammtsäure.
Titer des Natriumhydroxyds normal; $1^{ccm} = 1^{ccm}$ schwefliger Säure,
Angewendetes Natriumhydroxyd (n) 25^{ccm},
Ausgeflossenes Wasser (m) $295^{ccm} = 261^{ccm}$ corr.

$$\frac{100 \cdot n}{n + m} = \frac{100 \cdot 25}{25 + 261} = 8{,}74 \text{ Vol.-Proc. } SO_2 \text{ als } SO_2 + SO_3.$$

c. Bestimmung des Schwefelsäureanhydrids.
Die Subtraction des unter 1 gefundenen Gehaltes von dem unter 2 gefundenen ergiebt die Menge des im Röstgase enthaltenen Schwefelsäureanhydrids, ausgedrückt in Volumenprocenten schwefliger Säure:

$$8{,}74 - 8{,}23 = 0{,}51 \text{ Vol.-Proc. } SO_2 \text{ als } SO_3.$$

Demnach war der Schwefelgehalt des Röstgutes bei der Röstung übergegangen zu

94,17 Proc. in schweflige Säure,
5,83 » » Schwefelsäureanhydrid.

8*

3) Bestimmung der salpetrigen Säure in den Gasen der Bleikammern, des Gay-Lussac-Thurmes u. a. m. Als Absorptionsmittel dient eine Auflösung von übermangansaurem Kalium, welche man, da es sich im vorliegenden Falle um die Bestimmung kleiner Beträge handelt, von zehntelnormaler Stärke anwendet. Vor dem Einbringen derselben in das Absorptions-gefäss füllt man dieses bis reichlich zur Hälfte mit verdünnter Schwefelsäure. Das Ende der Reaction giebt sich durch die ein-tretende Entfärbung der Flüssigkeit zu erkennen. Die Absorption verläuft langsam und ist oft unvollständig; die Methode kann deshalb keinen Anspruch auf besondere Genauigkeit erheben.

Beispiel:

Barometerstand (B) 728^{mm},

Thermometerstand (t) 22°,

Titer des übermangansauren Kaliums $\frac{1}{10}$ normal; 1^{ccm} = 0,1^{ccm} salpetriger Säure,

Angewendetes $\frac{1}{10}$ übermangansaures Kalium 2,5^{ccm}; n = 0,25^{ccm} N_2O_3.

Ausgeflossenes Wasser (m) 410^{ccm}

d. i. corrigirt 353,61^{ccm}.

Mithin gefunden:

$$\frac{100 \cdot n}{n + m} = \frac{100 \cdot 0,25}{(0,25 + 353,61)} = 0,0706 \text{ Vol.-Proc. } N_2O_3$$

b. G. Lunge's Apparat.

Der sogenannte minimetrische Apparat, im Princip von dem verdienten englischen General-Fabrikeninspector R. Augus Smith herrührend, ist von G. Lunge[1] verbessert und verall-gemeinert worden. Die nachbeschriebene Gestalt hat ihm der Verfasser gegeben.

Anordnung. Das conische Kölbchen a (Fig. 62), dessen bis zu einer im Halse angebrachten Marke ohngefähr 125^{ccm} betragender Inhalt bekannt sein muss und deshalb ein- für alle-mal durch Einätzung auf der äusseren Wandung verzeichnet wird, dient als Absorptionsgefäss. Dasselbe ist mit einem doppelt durchbohrten, bis zur Marke reichenden Kautschukpfropfen ver-schlossen, durch welchen das Saugrohr b bis auf den Boden führt, während das Ableitungsrohr c dicht unter dem Stopfen

---

[1] G. Lunge, Zur Frage der Ventilation. Zürich 1877.

endet. Das Rohr *b* trägt einen erweiterten Aufsatz, welcher zur Aufnahme eines sich nur nach innen öffnenden **Kautschukventils** dient. Dieses Ventil stellt man auf die Weise her, dass man ein kurzes Stück schwarzen, starkwandigen Gummischlauchs über einen runden, glatten Holzstab schiebt und sodann in dasselbe mit Hilfe eines scharfen Messers einen etwa 2^{cm} langen Längsschnitt macht. Man zieht den Schlauch hierauf wieder vom Holzstabe ab, verschliesst sein unteres Ende mit einem kurzen Glasstabe und schiebt in die obere Oeffnung ein beiderseitig offenes Glasrohr, welches durch den einfach durchbohrten Verschlusspfropfen hindurchgeführt wird.

Das Rohr *c* steht durch einen etwa 30^{cm} langen Schlauch aus bestem, starkwandigem, schwarzem Kautschuk mit der **Kautschukbirne** *d* in Verbindung. Auch dieser Schlauch ist mit einem 2^{cm} langen Längsschnitte versehen, wodurch ein Ventil gebildet wird, welches sich beim Zusammendrücken der elastischen Birne nur nach aussen zu öffnen vermag, sich aber bei Aufhebung des Druckes sofort und selbstthätig wieder schliesst. Die Folge hiervon ist, dass die entleerte Birne, ihrer Elasticität Folge gebend, die zu ihrer Wiederfüllung erforderliche Luft durch das Ventil *b* entnimmt.

Fig. 62.

Man kann somit durch Zusammendrücken der Kautschukbirne in der hohlen Hand deren Luftinhalt durch das Ventil *c* entleeren und bei Aufhebung des Druckes ein demselben gleiches Volumen Luft oder Gas durch das Ventil *b* an- und durch eine in *a* befindliche Absorptionsflüssigkeit hindurchsaugen.

Die Kautschukbirne *d* hat nicht allein als Druck- und Saugpumpe, sondern auch als Messapparat zu fungiren. Man wählt für den vorliegenden Zweck die mit beinernem Ansatzrohr versehenen, rothen, englischen Spritzen und zwar die mit 1 bezeichnete Grösse, welche sich an allen Verkaufsstätten für chirurgische Artikel vorfindet. Der wirkliche Inhalt dieser Spritzen beträgt etwas über 28^{ccm} und hiervon lassen sich mit ziemlicher Constanz je 23^{ccm} durch den Druck der hohlen Hand entleeren. Man hat somit bei einer Gasuntersuchung nur nöthig, die

Spritzenfüllungen zu zählen und ihre Zahl mit 23 zu multipliciren, um das Volumen des angesaugten Gases minus dem von der Absorptionsflüssigkeit zurückgehaltenen Theile desselben zu erfahren.

Eine zweckmässige Abänderung hat der Apparat durch G. Lunge und A. Zeckendorf[1] erfahren. Das Gefäss A (Fig. 63 in $^1/_4$ der nat. Grösse), für welches sich ebenfalls conische Form empfehlen würde, dient zur Aufnahme eines bekannten, am besten mit der Pipette abzumessenden Volumens Absorptions-

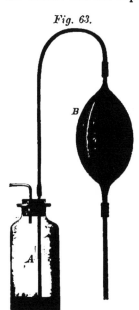

flüssigkeit. Es steht in Schlauchverbindung mit der Kautschukpumpe B, in welche dichtschliessende, entgegengesetzt wirkende Klappenventile eingesetzt sind, so dass sich beim Zusammenpressen derselben mit der Hand ihr Gasinhalt nach A entleert, während sie sich bei Aufhebung des Drucks aufs Neue mit Gas füllt. Das zu untersuchende Gas wird also nicht durch die Flüssigkeit gesaugt, sondern in dieselbe gepresst, wodurch Fehler, die sonst bei ungenügend dichtem Verschluss der Flasche eintreten können, vermieden werden. Für die Untersuchung geringhaltiger Gase kann die Grösse der Kautschukpumpe so gewählt werden, dass Letztere mit jedem Spiele 70^{ccm} Gas ansaugt, beziehentlich abgiebt. Im Uebrigen ist die Handhabung dieses Apparates dieselbe, wie sie sich im Nachstehenden für den früheren Lunge'schen Apparat beschrieben findet.

Handhabung. Man verbindet das Rohr b (Fig. 62) durch einen Schlauch mit der Gasentnahmestelle oder begiebt sich gleich selbst mit dem Apparate in die zu untersuchende Atmosphäre und bewirkt zunächst durch acht- bis zehnmaliges Zusammendrücken der Kautschukbirne d die vollkommene Füllung des Apparates mit dem fraglichen Gase. Sodann pipettirt man unter vorübergehender Lüftung des Verschlusspfropfens ein bekanntes Volumen titrirter Absorptionsflüssigkeit in das Gefäss a, giebt

---

[1] G. Lunge und A. Zeckendorf, Zeitschrift für angew. Chemie. 1888, 396.

erforderlichenfalls einen Indicator zu und drückt den Propfen wieder fest in den Flaschenhals ein. Das Volumen der angewendeten Absorptionsflüssigkeit ist von dem zu Anfange des Versuchs in dem Kölbchen *a* enthaltenen Gasvolumen in Abzug zu bringen. Jetzt schüttelt man Gas und Flüssigkeit sanft, und ohne den oberen Theil der Flaschenwandung oder gar den Pfropfen zu benetzen, durcheinander, drückt nach beendeter Absorption die Birne kurz zusammen, um ein weiteres Volumen Gas zur Ansaugung zu bringen, schüttelt wieder, saugt auf's Neue an und fährt, während man die Spritzenfüllungen zählt, hiermit solange fort, bis der Indicator die Vollendung der eingetretenen Reaction kundgiebt.

Die Berechnung des Resultates erfolgt in der beim Reich'schen Apparate angegebenen Weise, jedoch unter Hinweglassung aller Correctionen, weil die Methode überhaupt nur auf annähernde Genauigkeit Anspruch erheben kann. Wenn

n das Volumen des absorbirten Gasbestandtheils (entsprechend dem Volumen der normalen Titerflüssigkeit),

m das Volumen des nichtabsorbirbaren Gasbestandtheils (entsprechend dem Inhalte des Absorptionsgefässes minus dem Volumen der Absorptionsflüssigkeit, plus der Zahl der Spritzenfüllungen mal 23),

$n + m$ das Volumen des zur Untersuchung verwendeten Gases

bedeutet, so beträgt der Gehalt des Gases an dem absorbirten Gasbestandtheil $\dfrac{100 \cdot n}{n + m}$ Vol.-Proc.

Die Methode eignet sich besonders zur raschen, wenn auch nur annähernden Bestimmung kleiner Gehalte. Der Apparat selbst zeichnet sich durch Kleinheit, Einfachheit und Billigkeit aus. Er eignet sich auch zur Wegnahme und späteren Untersuchung von Proben saurer Gase aus Fabrikräumen, in welchem Falle man ihn, mit Kalilauge beschickt, in der Tasche tragen und die Bestimmung des absorbirbaren Gasbestandtheils später im Laboratorium titrimetrisch oder gewichtsanalytisch vornehmen kann.

Anwendung:

1) Bestimmung der Kohlensäure in der atmosphärischen Luft, in Athmungs-, Zimmer-, Gruben-, Keller-,

Mauer-, Grund-, Gräberluft u. s. w. unter Anwendung von titrirtem Barytwasser zur Absorption und Phenolphtalein als Indicator. Letzteres setzt man in alkoholischer Lösung und nur in geringer Menge zu, so dass die Flüssigkeit eben eine deutliche Rothfärbung annimmt. Nach jeder neuen Spritzenfüllung muss andauernd — etwa 20 bis 30 Sec. lang — umgeschüttelt werden; im anderen Falle ist die Absorption eine unvollkommene.

Beispiel:

Titer des Barytwassers empirisch, annähernd $\frac{1}{10}$ normal. $1^{ccm} = 0{,}104^{ccm}$ Kohlensäure,

Gesammtinhalt der Absorptionsflasche 128^{ccm},

Angewendetes Barytwasser 25^{ccm}: $n = 0{,}104 \cdot 25 = 2{,}60^{ccm}$ Kohlensäure,

Luftinhalt der Absorptionsflasche $128 - 25 = 103^{ccm}$,

Zur Entfärbung erforderlich:

19 Spritzenfüllungen à 23^{ccm}; $19 \cdot 23 = 437$ „

$$m = \overline{540^{ccm}}$$

Hiernach:

$$\frac{100 \cdot n}{n + m} = \frac{100 \cdot 2{,}6}{2{,}6 + 540} = 0{,}47 \text{ Vol.-Proc. } CO_2.$$

2) Bestimmung des Chlorwasserstoffs in der Luft der Salzsäurefabriken, in den Canal- und Schornsteingasen der Sulfatöfen, in Gasen von der chlorirenden Röstung u. a. m. unter Anwendung von Normal-Kalilauge als Absorptionsmittel und wenig Phenolphtaleïn oder Methylorange als Indicator. Ersteres giebt einen Farbenumschlag von Roth in Farblos, Letzteres einen solchen von Hellgelb in Roth. Bei Untersuchung sehr verdünnter Gasgemenge verwendet man Zehntel-Normallösung. Verfahren und Rechnung wie bei 1.

3) Bestimmung der schwefligen Säure in dünnen Röstgasen, in Rauchgasen, im Hüttenrauch u. s. w. unter Anwendung von normaler Jodlösung als Absorptionsmittel. Zusatz von klarer Stärkelösung als Indicator ist zweckmässig, aber nicht unbedingt nöthig. Die Absorption erfolgt leicht und schnell, langes Schütteln ist nicht erforderlich. Rechnung wie bei 1.

c. Apparat zur Bestimmung einzelner, in minimaler Menge auftretender Bestandtheile.

Um ein Gasgemenge von einem in untergeordneter Menge, also in starker Verdünnung darin auftretenden Bestandtheile zu befreien, hat man dasselbe in möglichst innige, andauernde oder wiederholte Berührung mit einer zur Rückhaltung des Letzteren geeigneten Absorptionsflüssigkeit zu bringen. Von den Apparaten, welche diesen Zweck am besten und bequemsten erreichen lassen, mögen folgende hier Erwähnung finden:

a. Cl. Winkler's[1] Absorptionsschlange (Fig. 64) ist entstanden aus der bekannten Pettenkofer'schen Röhre und besteht aus einem auf drei angeschmolzenen Glasfüssen ruhenden, spiralförmig ansteigenden Glasrohr A, welches bis nahe zur Kugel E mit Absorptionsflüssigkeit gefüllt ist. In dem unteren Theil desselben ist durch Verschmelzung das in eine Spitze F ausmündende, engere, mit Kugel D versehene Gaszuleitungsrohr B eingesetzt, von dessen Austrittsstelle ab das Gas in Gestalt einer fortlaufenden Reihe kleiner Blasen, einer Perlenschnur ähnlich, sich längs der Windung der Röhre A fortbewegt und erst nach verhältnissmässig langer Zeit bei C_1 zum Austritt gelangt. Nothwendig ist nur, dass die Windung der Schlange sanft

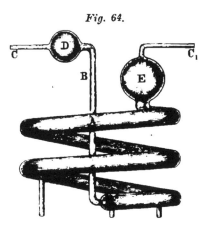

Fig. 64.

und ganz gleichmässig ansteige, weil sich sonst die kleinen Blasen zu grösseren schaaren, wodurch natürlich die Berührung zwischen Gas und Flüssigkeit eine verminderte und die Wirksamkeit des Apparates eine mangelhafte wird. Die meisten der im Handel vorkommenden Schlangen steigen viel zu stark und zu ungleichmässig an, so dass sie bisweilen kaum zu brauchen sind; es mögen deshalb die für die beiden üblichen Grössen 1 und 2 einzuhaltenden Dimensionen nachstehend angegeben werden:

	Grösse 1.	Grösse 2.
Weite von A	22 mm	7,5 mm
» » B	10 »	4,5 »
» » C und C_1.	6,5 »	4,5 »
Durchmesser der Kugel D . . .	35 »	15 »

[1] Cl. Winkler, Zeitschr. f. analyt. Chemie. XXI, 545.

	Grösse 1.	Grösse 2.
Durchmesser der Kugel E	60^{mm}	30^{mm}
» » Windung von A .	200 »	80 »
Höhe von Fuss bis zur Kugel E .	170 »	80 »

Richtig ausgeführte Absorptionsschlangen sind von vorzüglicher Wirksamkeit und eignen sich besonders für diejenigen Fälle, in welchen es sich weniger um die Bestimmung, als um die blosse Entfernung eines Gasbestandtheils z. B. um die voll-

Fig. 65.

kommene Reinigung der Luft von Kohlensäure handelt.   Man bedient sich für solchen Zweck ausschliesslich der Grösse 1.

b. G. Lunge's Zehnkugelröhre.   Eine sehr vollkommene Absorption erreicht man bei Anwendung der von G. Lunge[1] construirten Zehnkugelröhre (Fig. 65), deren Einrichtung und Handhabung ohne Weiteres verständlich ist.   Sie gewährt den

Fig. 66.   *Fig. 67.*   *Fig. 68.*

Vortheil, sie leicht. entleeren und das von ihrem Flüssigkeitsinhalt absorbirte Gas sodann zur gewichts- oder maassanalytischen Bestimmung bringen zu können.

c. J. Volhard's und J. Volhard - H. Fresenius' Absorptionsgefässe.   Höchst zweckmässig und bequem in der Handhabung sind die von J. Volhard[2] angegebenen Absorptions-

---

[1] G. Lunge, Zeitschr. f. angew. Chemie. 1890, 567.
[2] J. Volhard, Ann. Chem. 176, 282.

apparate (Fig. 66 und 67), sowie deren Abänderung durch
H. Fresenius[1] (Fig. 68). Man giebt denselben etwa 11 cm Höhe,
ihrem Boden 7 cm, den Kugeln gegen 4,5 cm Durchmesser und
schliesst ihre 2,5 cm weite Mündung entweder durch einen einfach
durchbohrten Kautschukstopfen mit eingesetztem Gaszuleitungsrohr oder, was sich sehr bewährt hat, wie bei Fig. 68 mit ein-
geschliffenem und schwach gefettetem Hohlstopfen aus Glas.
Beim Gebrauch der mit 25 bis 50 ccm Flüssigkeit beschickten
Absorptionsgefässe tritt jene unter dem Druck des Gases zum

Fig. 69.

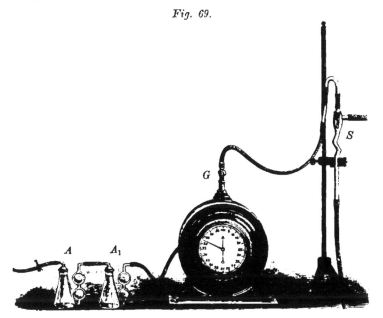

Theil in den erweiterten Rohransatz über, während der Rest in
dünner Schicht den Boden bedeckt und solchergestalt schon eine
grosse Absorptionsfläche darbietet. Beim Passiren des Ansatzes
findet das Gas weitere Gelegenheit, seine absorbirbaren Bestandtheile an die Flüssigkeit abzugeben, so dass die Absorption,
namentlich bei gleichzeitiger Anwendung von zwei oder drei
derartigen Apparaten, eine ganz befriedigende ist. Ein besonderer
Vortheil dieser Gefässe besteht darin, dass man nach beendeter
Arbeit die Titrirung der Flüssigkeit unmittelbar darin vornehmen
kann und dass ein Zurücksteigen der Flüssigkeit unmöglich ist.

---

[1] H. Fresenius, Zeitschr. f. analyt. Chemie. XIV, 332.

Anordnung. Das der Untersuchung zu unterwerfende Gas wird (Fig. 69) mit Hilfe der Luftpumpe S angesaugt und passirt zunächst die mit Absorptionsflüssigkeit beschickten Vorlagen A und A_1, oder an deren Stelle eine Zehnkugelröhre, woselbst ihm der absorbirbare Gasbestandtheil entzogen wird. Sodann tritt es in die Gasuhr G über, in welcher der nichtabsorbirbare Gasbestandtheil zur Messung gelangt. An Stelle von Saugpumpe und Gasuhr kann man sich auch eines mit Wasser gefüllten Aspirators (S. 19) bedienen und das während des Versuchs aus diesem abgeflossene Wasser messen. In beiden Fällen hat man jedoch dafür zu sorgen, dass der Unterdruck im Messapparate nur ein geringer sei und eben genüge, das Gas durch die Absorptionsflüssigkeit hindurchzuführen.

Handhabung. Das Absorptionsmittel wird immer in Gestalt einer titrirten, am besten normalen Lösung und in gemessenem Ueberschuss angewendet, welchen man nach beendetem Durchgange eines bestimmten Gasvolumens mit Hilfe einer zweiten, geeigneten Titerflüssigkeit zurückmisst. Aus der Differenz ergiebt sich, dem Volumen der verbrauchten Normallösung entsprechend, das Volumen des absorbirbaren Gas-Bestandtheiles $= n$, während der nichtabsorbirbare $= m$ an der Gasuhr abgelesen oder durch Messung der aus dem Aspirator abgeflossenen Wassermenge ermittelt wird. Letzterer Bestandtheil bedarf bei genaueren Bestimmungen noch der Reduction auf den Normalzustand; im Uebrigen erfolgt die Berechnung des procentalen Gehaltes nach der Formel $\dfrac{100 \cdot n}{n + m}$. Die Geschwindigkeit des durch die Absorptionsflüssigkeit geführten Gasstromes richtet sich nach der Absorbirbarkeit des zu bestimmenden Gases und nach der Vollkommenheit des Absorptionsapparates. Sie ist demnach eine verschiedene und kann 1 bis 20 l Gasdurchgang pro Stunde betragen.

Anwendung:

1) Bestimmung des Ammoniaks im rohen und gereinigten Leuchtgase, in den Gasen der Kokereien, Ammoniaksodafabriken u. s. w. Als Absorptionsmittel verwendet man gasnormale Schwefelsäure, zum Rücktitriren gasnormales Kaliumhydroxyd, als Indicator Methylorange oder Hämatoxylin. Bei Leuchtgasuntersuchungen schaltet man zwischen Absorptionsgefäss und Gasuhr noch eine mit essigsaurem Blei beschickte

Waschflasche, sowie ein mit lockerer Baumwolle gefülltes Glasrohr ein, um Schwefelwasserstoff, bez. Theer, zurückzuhalten. Für die Bestimmung des Ammoniaks im rohen Leuchtgase und in Koksofengasen genügen 20 l, für diejenige im gereinigten Leuchtgase 100 l des Untersuchungsobjectes. Zur Abmessung des Letzteren pflegt man sich einer Gasuhr mit selbstthätiger Absperrung (S. 47) zu bedienen. Da das Ammoniak von der vorgelegten Säure leicht aufgenommen wird, so kann der Gasdurchgang ein rascher sein und 15 bis 20 l pro Stunde betragen.

Beispiel:

Ammoniakbestimmung im gereinigten Leuchtgase.

Barometerstand (B) 730^{mm},
. Thermometerstand (t) 18°,
Angewendete Normal-Schwefelsäure 50,00^{ccm},
Verbrauchte Normal-Kalilauge   17,38 „
Differenz (n)   32,62 „
Durch den Gaszähler gegangenes Gas (m) 100 l d. i. corrigirt 88216^{ccm}.

Hiernach beträgt der Ammoniakgehalt

a. Bei Vernachlässigung der Correction:

$$\frac{100 \cdot n}{n + m} = \frac{100 \cdot 2{,}62}{2{,}62 + 100000} = 0{,}00262 \text{ Vol.-Proc. } NH_3.$$

b. bei Anbringung der Correction:

$$\frac{100 \cdot n}{n + m} = \frac{100 \cdot 2{,}62}{2{,}62 + 88216} = 0{,}00297 \text{ Vol.-Proc. } NH_3.$$

Zu besserer Uebersicht pflegt man jedoch so geringe Gehalte nicht in Volumenprocenten, sondern in Grammen pro 100^{cbm} Gas auszudrücken. Das vorliegende Gas würde demnach in 100 l 2,26 g Ammoniak enthalten haben.

2) Bestimmung der salpetrigen Säure in Bleikammergasen u. a. m. Als Absorptionsmittel dient concentrirte Schwefelsäure. Man beschickt zwei Volhard-Fresenius'sche Vorlagen mit je 25^{ccm} derselben und saugt etwa 10 l des zu untersuchenden Gases, nach Befinden aber auch mehr, in langsamem Strom durch dieselben. Als Saugapparat dient ein Aspirator mit aufgesetztem Manometer; das ausgeflossene Wasser wird gemessen. Hierauf mischt man den Flüssigkeitsinhalt beider Vorlagen durch Hin- und Hergiessen gut durch und kann nun die Bestimmung der davon aufgenommenen salpetrigen Säure nach einer der nachbeschriebenen Weisen vornehmen:

a. Man füllt einen Theil der Säure in eine Glashahnbürette und lässt ihn unter Umrühren tropfenweise in ein gemessenes Volumen stark mit 40° warmem Wasser verdünnten gasnormalen übermangansauren Kaliums einfliessen bis, gemäss dem Vorgange

$$5N_2O_3 + 4KMnO_4 + 6H_2SO_4 = 10HNO_3 + 2K_2SO_4 + 4MnSO_4 + H_2O,$$

die Entfärbung sich vollzogen hat. Aus dem Volumen der verbrauchten Säure und dem Volumen des der Titrirung unterworfenen übermangansauren Kaliums berechnet man, wieviel Cubikcentimeter übermangansaures Kalium durch die in den beiden Vorlagen enthalten gewesenen 50^{ccm} Säure entfärbt worden sein würden und erhält auf diese Weise den Werth n, während der Werth m durch das aus dem Aspirator ausgeflossene Volumen Wasser gegeben ist.

b. Man lässt ein gemessenes Volumen der Säure in ein bekanntes überschüssiges Volumen übermangansauren Kaliums einfliessen und titrirt den verbliebenen Ueberschuss mit Wasserstoffsuperoxyd von beliebigem aber bekanntem Wirkungswerthe zurück.

c. An Stelle der titrimetrischen Bestimmung der von der Schwefelsäure aufgenommenen salpetrigen Säure kann man sich auch der gasvolumetrischen bedienen, indem man einen mit der Pipette abgehobenen Theil der Flüssigkeit in das Nitrometer (S. 35) bringt, mit wenig reiner Schwefelsäure nachspült und einige Zeit mit dem die Sperrflüssigkeit bildenden Quecksilber durchschüttelt, wobei die salpetrige Säure in gasförmiges, unter Anwendung des Gasvolumeters (S. 41) messbares Stickoxyd übergeht. 1 Vol. des erhaltenen Stickoxyds entspricht 0,5 Vol. salpetrigsaurem Gase, 1^{ccm} Stickoxyd (normal) 0,0016998 g N_2O_3.

3) Bestimmung des Stickoxyds in Bleikammergasen u. a. m. Die anzuwendende Methode[1] setzt voraus, dass die im Gase enthaltene salpetrige Säure vorher vollständig entfernt worden sei. Man lässt das Gas, nachdem es, wie unter 2 beschrieben, zwei mit Schwefelsäure gefüllte Absorptionsgefässe passirt hat, durch eine Zehnkugelröhre treten, welche ein bekanntes Volumen mit Schwefelsäure stark angesäuertes und bis zur Füllung der Röhre verdünntes übermangansaures Kalium (n) enthält. An dieselbe schliesst sich dann der Aspirator an und

---

[1] Vergl. auch G. Lunge, Ztschr. f. angew. Chemie. 1890, 568.

die aus diesem ausgeflossene Wassermenge (*m*) wird gemessen. Die Absorption des Stickoxyds vollzieht sich nach dem Vorgange:

$$10\,NO + 6\,K\,MnO_4 + 9\,H_2\,SO_4 = 10\,H\,NO_3 + $$
$$3\,K_2\,SO_4 + 6\,Mn\,SO_4 + 4\,H_2\,O$$

und sie ist eine vollständige. Die Zurücktitrirung des verbliebenen Ueberschusses von übermangansaurem Kalium erfolgt durch Wasserstoffsuperoxyd; sollte sich in der Zehnkugelröhre etwas Mangansuperoxyd abgesetzt haben, so lässt sich dieses auf das Leichteste vor der Titrirung durch Ausspülen jener mit etwas, natürlich ebenfalls zu messendem Wasserstoffsuperoxyd unter Zugabe einiger Tropfen Schwefelsäure entfernen. Den Titer des Wasserstoffsuperoxyds wählt man empirisch.

4) Bestimmung des Chlors. Man bewirkt die Absorption durch eine gasnormale Auflösung von arseniger Säure in saurem kohlensaurem Natrium und titrirt den verbliebenen Ueberschuss an arseniger Säure unter Zusatz von Stärke mit Jodlösung zurück.

5) Bestimmung des Chlorwasserstoffs in Gasen von der chlorirenden Röstung, in Rauchgasen, Canal- und Schornsteingasen der Sulfatöfen u. a. m. Man bewirkt die Absorption durch ein bekanntes Volumen Normal-Kalilauge und misst den Ueberschuss mit einer Normalsäure zurück. Bei gleichzeitiger Gegenwart anderer gasförmiger Säuren kann man die Absorptionsflüssigkeit nach beendeter Operation auch mit Salpetersäure ansäuern, einen gemessenen Ueberschuss von Normal-Silberlösung sowie etwas Eisenalaunlösung zusetzen und den Silberüberschuss mit sulfocyansaurem Ammonium zurückmessen.

Ist neben Chlorwasserstoff Chlor zugegen, so wendet man als Absorptionsmittel eine Auflösung von arseniger Säure in saurem kohlensaurem Natrium an und bestimmt sodann in einem Theile der Flüssigkeit das Chlor titrimetrisch nach 4, in einem zweiten den Gesammt-Chlorwasserstoff, wie vorstehend beschrieben, durch Titrirung mit Silberlösung nach Volhard's Methode. Da 1 Vol. Chlor 2 Vol. Chlorwasserstoff liefert, so ist von dem gefundenen Gesammtvolumen des Chlorwasserstoffs das doppelte Volumen des gefundenen Chlors in Abzug zu bringen, um den ursprünglich vorhanden gewesenen Chlorwasserstoff zu finden.

6) Bestimmung der schwefligen Säure im Hüttenrauch, in dünnen Röstgasen, in Rauchgasen, in den Gasen der Ultramarinfabriken, der Glasfabriken, Ziege-

leien u. a. m. Als Absorptionsmittel verwendet man ein bekanntes Volumen Normal-Jodlösung und misst den verbliebenen Ueberschuss mit arseniger Säure zurück.

In allen den hier genannten Fällen erfolgt die Berechnung wie bei der Bestimmung des Ammoniaks S. 124.

3. Gewichtsbestimmung.

Die Bestimmung der Gase durch Ueberführung in wägbare Verbindungen erfolgt nur ausnahmsweise und insbesondere in solchen Fällen, wo der zu bestimmende Bestandtheil in geringfügiger Menge vorhanden ist, volumetrische Methoden also nicht in Anwendung kommen können. Anordnung und Handhabung des Absorptionsapparates sind dabei die unter 2. B. c. (S. 120) beschriebenen und in gleicher Weise, wie dort angegeben, erfolgt im Allgemeinen die Berechnung des Resultates.

Anwendung:

Bestimmung von Schwefelwasserstoff, Schwefelkohlenstoff und Acetylen im Leuchtgase. Der durch eine Gasuhr oder einen Aspirator zu messende Gasstrom passirt vor dem Eintritt in die Messvorrichtung der Reihe nach zwei Volhard'sche Absorptionsapparate, deren jeder 25 ^{ccm} einer concentrirten, ammoniakalischen Lösung von salpetersaurem Silber enthält, hierauf ein ca. 25 ^{cm} langes, mit Platin-Asbest gefülltes und zum ganz dunklen Glühen erhitztes Verbrennungsrohr und endlich wiederum zwei je 25 ^{ccm} ammoniakalische Silberlösung enthaltende Volhard'sche Apparate. Will man recht sicher gehen, so kann man vor und hinter dem Verbrennungsrohre, statt zwei, je drei Absorptionsgefässe einschalten. Für jede Untersuchung verwendet man ohngefähr 100 l Gas, denen man 10 bis 12 St. Zeit zum Durchgange lassen muss.

Der Inhalt der beiden vor dem Verbrennungsrohre befindlichen Vorlagen beginnt nach einiger Zeit eine erst weissliche, später etwas dunklere Trübung anzunehmen, welche durch die Ausscheidung von Acetylensilber und Schwefelsilber verursacht wird. Es gelangen in diesen Vorlagen Acetylen und Schwefelwasserstoff zur Absorption.

Schwefelkohlenstoff und andere im Leuchtgase auftretende Schwefelverbindungen werden beim Passiren des Verbrennungsrohres in Berührung mit dem heissen Platin-Asbest in Schwefelwasserstoff umgewandelt, welcher in den nachfolgenden Absorptionsgefässen zur Aufnahme gelangt und eine schwarzbraune Fällung von Schwefelsilber veranlasst.

Nach beendigter Operation vereinigt man den Inhalt der ersten und andererseits denjenigen der letzten Vorlagen, filtrirt jeden der beiden Niederschläge ab und wäscht ihn sorgfältig mit Wasser aus.

Der in den ersten Vorlagen enthalten gewesene Niederschlag wird hierauf auf dem Filter mit verdünnter Chlorwasserstoffsäure übergossen, wobei man behutsam verfahren und den Trichter mit einem Uhrglase bedecken muss. Es entwickelt sich unter schwachem Aufschäumen Acetylen, während der Niederschlag sich in ein Gemenge von Chlorsilber und Schwefelsilber verwandelt. Nach erfolgtem Auswaschen extrahirt man das Chlorsilber mit wenig verdünntem Ammoniak, fällt es durch Ansäuern des Filtrates mit Salpetersäure wieder aus und bringt es in bekannter Weise zur Wägung. Aus seiner Menge berechnet man das vorhanden gewesene **Acetylen** unter Zugrundelegung der Formel:

$$(C_2\,Ag_2\,H)_2\,O + 4\,H\,Cl = 4\,Ag\,Cl + 2\,C_2\,H_2 + H_2\,O.$$

Es entspricht

$$\begin{aligned} 1 \text{ g Chlorsilber} &= 0{,}090680 \text{ g Acetylen},\\ &= 78{,}0251 \text{ ccm} \qquad \text{»} \qquad \text{(normal)}. \end{aligned}$$

Das in Ammoniak unlösliche, auf dem Filter verbliebene Schwefelsilber entspricht dem vorhanden gewesenen **Schwefelwasserstoff**. Die Untersuchung hat ergeben, dass dasselbe kein freies Silber enthält und deshalb kann man den Niederschlag nach Verbrennung des Filters durch Glühen im Wasserstoffstrome ohne Weiteres in wägbares metallisches Silber überführen.

Es entspricht

$$\begin{aligned} 1 \text{ g Silber} &= 0{,}148523 \text{ g Schwefel}\\ &= 0{,}157811 \text{ » Schwefelwasserstoff}\\ &= 103{,}6873 \text{ ccm} \qquad \text{»} \qquad \text{(normal)}. \end{aligned}$$

Das in den beiden hinter dem Verbrennungsrohr befindlichen Vorlagen enthaltene Schwefelsilber ist aus den übrigen im Leuchtgase enthalten gewesenen Schwefelverbindungen, dem **Schwefel**-

kohlenstoff, dem Phenylsenföl u. a., hervorgegangen. Es
wird in der nämlichen Weise in Silber übergeführt, worauf man
dieses zur Wägung bringt und die Umrechnung auf Schwefelkohlenstoff, als die weitaus vorwaltende Verbindung, vornimmt.

Es entspricht

1 g Silber = 0,148523 g Schwefel,
= 0,176319 » Schwefelkohlenstoff,
= 51,8436 ^{ccm} »   in Gasform (normal).

Den Gehalt des Leuchtgases an Schwefelwasserstoff und
Schwefelkohlenstoff pflegt man in der Regel nicht in Volumenprocenten auszudrücken, überhaupt nicht als solchen aufzuführen,
sondern man begnügt sich damit, die Gewichtsmenge des in
100 ^{cbm} Gas enthaltenen Schwefels, in Grammen ausgedrückt,
anzugeben. (Gesammtschwefelgehalt des Leuchtgases.)
Da fernerhin die hier in Betracht kommenden Gase in ver-
schwindend kleiner Menge im Leuchtgase auftreten, so braucht
man bei der Berechnung des Resultates ihre Volumina gar nicht
in Ansatz zu bringen, vielmehr setzt man den in der Gasuhr
oder im Aspirator gemessenen, nichtabsorbirbaren Gastheil dem
Gesammtvolumen des zur Untersuchung verwendeten Gases gleich.

Beispiel:

Barometerstand (B) 733^{mm},
Thermometerstand (t) 18°,
Angewendetes Gasvolumen ,107 l,
d. i. corrigirt   94787^{ccm}.

Durch Wägung gefunden:

Chlorsilber = 0,3190 g = 24,78^{ccm} Acetylen,
Silber a   = 0,0111 » = 1,15 » Schwefelwasserstoff,
  » b   = 0,3888 » = 20,15 » Schwefelkohlenstoff in Gasform.

Berechnung des Gesammtschwefelgehaltes:

Silber a = 0,0111 g = 0,001648 g Schwefel
  » b = 0,3888 » = 0,057746 »   »
Summe 0,059394.

100^{cbm} Leuchtgas enthalten 62,66 g Schwefel.

In Volumenprocenten ausgedrückt würde man gefunden haben:

Acetylen   0,02614 Vol.- Proc.
Schwefelwasserstoff 0,00121 »   »
Schwefelkohlenstoff 0,02126 »   »

III. Bestimmung von Gasen auf dem Wege der Verbrennung.

1. Allgemeines über die Verbrennung der Gase.

Diejenigen Bestandtheile eines Gasgemenges, welche sich nicht auf absorptiometrischem Wege daraus entfernen und nach einer der im Vorstehenden beschriebenen Methoden bestimmen lassen, weil es kein Absorptionsmittel für dieselben giebt, führt man, soweit sie dies gestatten, durch Verbrennung mit Sauerstoff in verdichtbare oder absorbirbare Verbindungen über. Hierbei gelangt sowohl der brennbare Gasbestandtheil als auch der zu dessen Verbrennung erforderlich gewesene Sauerstoff zum Verschwinden, es tritt eine Volumenverminderung, eine Contraction, ein, aus deren Betrag man, da die Verbrennung sich stets nach ganz bestimmtem Volumenverhältniss vollzieht, das Volumen des verbrannten Gasbestandtheils ableiten kann.

Eine fernerweite, in gesetzmässiger Beziehung zu dem Volumen des verbrannten Gases stehende und dessen Bestimmung gestattende Volumenverminderung erreicht man durch hinterherige Absorption der als gasförmiges Verbrennungsproduct etwa auftretenden Kohlensäure.

Den zur Verbrennung von Gasen erforderlichen Sauerstoff pflegt man bei technischen Gasuntersuchungen bisweilen in reinem Zustande, zumeist aber in Gestalt von Luft und selbstverständlich in mässigem Ueberschuss anzuwenden.

Nur drei Gase sind es, welche sich der absorptiometrischen Bestimmung entziehen und deren Volumen deshalb auf andere Weise ermittelt werden muss, nämlich:

> Wasserstoff, durch Sauerstoff zu flüssigem Wasser verbrennbar,
> Methan, durch Sauerstoff zu flüssigem Wasser und gasförmiger, aber absorbirbarer Kohlensäure verbrennbar,
> Stickstoff, nicht verbrennbar und deshalb bei Beendigung der Analyse als gasförmiger, direct messbarer Rest übrig bleibend.

Zu flüssigem Wasser muss der reine wie der im Methan enthaltene Wasserstoff um deshalb verbrennen, weil das der Untersuchung unterliegende Gas bereits mit Wasserdampf gesättigt ist.

9*

Angenommen, man habe bei der Analyse eines Gasgemenges
die darin enthaltenen absorbirbaren Bestandtheile in der vorgeschriebenen Reihenfolge durch Absorption entfernt, nämlich:

1) Kohlensäure durch Kalilauge,
2) schwere Kohlenwasserstoffe durch rauchende
   Schwefelsäure,
3) Sauerstoff durch alkalische Pyrogallussäure u. a. m..
4) Kohlenoxyd durch ammoniakalisches Kupferchlorür,

so verbleibt zuletzt ein

5) nichtabsorbirbarer Gasrest,

dessen Volumen sich durch die directe Messung ergiebt. Letzteren bringt man in einer Hempel'schen oder Bunte'schen
Gasbürette zur Absperrung und verwendet ihn hierauf ganz oder
theilweise zur aufeinanderfolgenden Bestimmung des darin enthaltenen Wasserstoffs, Methans und Stickstoffs oder des einen
und des anderen der von diesen darin vertretenen Gase. Bevor
man die Verbrennung vornimmt, hat man dem Gase ein bekanntes, zuverlässig ausreichendes Volumen Sauerstoff oder Luft zuzusetzen. Um dieses richtig zu bemessen, nimmt man an, dass
der Gasrest durchweg aus brennbarem Gase bestehe, vernach-
lässigt also zunächst den selten fehlenden Stickstoffgehalt desselben. Den Sauerstoffgehalt der Luft veranschlagt man zu rund
20 Vol. Proc.

Die Verbrennung des Wasserstoffs vollzieht sich nach
folgendem Vorgange und den dadurch ausgedrückten Volumenverhältnissen:

$$2H + O = H_2O$$

das ist

2 Vol. H + 1 Vol. O = 2 Vol. Wasserdampf, übergehend in
0 Vol. flüssiges Wasser.

Es liefern also:

3 Vol. Gas (2 Vol. H + 1 Vol. O) = 0 Vol. flüssiges Wasser,

und es beträgt die Contraction C

$$C = 3 \text{ Vol.},$$

woraus sich, da von diesen 3 Volumina 2 Volumina als Wasserstoff zugegen gewesen waren, ergiebt, dass der verbrannte Wasserstoff

$$H = \frac{2\,C}{3}\,\text{Vol.}$$

betragen hatte.

Ist man sicher, dass der der Verbrennung zu unterwerfende Gasrest neben etwa vorhandenem Stickstoff nur Wasserstoff aber kein Methan enthält, so würde man mithin auf je 2 Vol. desselben 1 Vol. Sauerstoff als solchen oder in Gestalt von 5 Vol. Luft (auf je 1 ᶜᶜᵐ Gasrest 2,5 ᶜᶜᵐ Luft) zuzusetzen haben.

Die Verbrennung des Methans vollzieht sich nach folgendem Vorgange und den dadurch ausgedrückten Volumenverhältnissen:

$$CH_4 + 4\,O = CO_2 + 2\,H_2O.$$

Das ist:

2 Vol. CH_4 + 4 Vol. O = 2 Vol. CO_2 + 4 Vol. Wasserdampf, Letztere übergehend in

0 Vol. flüssiges Wasser.

Es liefern also:

6 Vol. Gas (2 Vol. CH_4 + 4 Vol. O) = 2 Vol. CO_2

und es beträgt die bei der Verbrennung eintretende Contraction C

$$C = 6 - 2 = 4\,\text{Vol.}$$

woraus sich, da von diesen 4 Volumina 2 Volumina als Methan zugegen gewesen waren, ergiebt, dass das verbrannte Methan

$$CH_4 = \frac{C}{2}\,\text{Vol.}$$

betragen hatte.

Bringt man auch das zweite Verbrennungsproduct, die Kohlensäure, deren Volumen demjenigen des verbrannten Methans gleich ist, durch hinterherige Absorption mit Kaliumhydroxyd zum Verschwinden, so liefern obige 6 Vol. Gas (2 Vol. CH_4 + 4 Vol. O) = 0 Vol. flüssiges Wasser; es beträgt also die bei der Verbrennung und darauffolgenden Absorption der Kohlensäure eintretende Contraction C_1

$$C_1 = 6\,\text{Vol.}$$

und da von diesen 6 Volumina 2 Volumina als Methan zugegen gewesen waren, so ergiebt sich, dass das verbrannte Methan

$$CH_4 = \frac{C_1}{3}\,\text{Vol.}$$

betragen hatte.

Demgemäss wird man je 2 Vol. eines methanhaltigen Gasrestes, unbekümmert um dessen gleichzeitig etwa vorhandenen Wasserstoff- und Stickstoffgehalt vor der Verbrennung 4 Vol. Sauerstoff als solchen oder in Gestalt von 20 Vol. Luft (auf je 1 ccm Gasrest 10 ccm Luft) zuzusetzen haben, ein Minimalbetrag, den man zweckmässig etwas zu überschreiten pflegt.

Ausser Wasserstoff und Methan kann man wohl auch andere brennbare Gase auf dem Wege der Verbrennung bestimmen, wobei man die im Anhange (Tab. 5) angegebenen Contractions-verhältnisse zu Grunde legt. Man pflegt jedoch, soweit für solche Gase Absorptionsmittel existiren, der absorptiometrischen Bestimmung derselben den Vorzug zu geben und bedient sich der Verbrennung höchstens zur Ermittelung kleiner, direct nicht messbarer Gehalte unter hinterheriger Wägung oder Titration des entstandenen Verbrennungsproductes.

So wie sich Wasserstoff durch Sauerstoff verbrennen und bestimmen lässt, kann man umgekehrt den Gehalt eines Gases an Sauerstoff unter Anwendung eines gemessenen, überschüssigen Volumens Wasserstoff zur Verbrennung bringen und aus der eintretenden Contraction seinen Betrag feststellen.

2. Verbrennungsmethoden.

A. Verbrennung durch Explosion.

Die Entzündung eines geeignet abgesperrten explosiblen Gasgemisches durch den electrischen Funken behufs Bestimmung des einen oder des anderen der an der Verpuffung theilnehmenden Gasbestandtheile aus der dabei eintretenden Contraction ist die älteste aller Gasverbrennungsmethoden und bildet die Grundlage der von A. Volta herrührenden Eudiometrie oder Luftgütemessung, welche Letztere bekanntlich auf der Verpuffung eines gemessenen Luftvolumens mit einem ebenfalls gemessenen, überschüssigen Volumen Wasserstoff in einer durch Quecksilber gesperrten Messröhre, dem sogenannten Eudiometer, und Bestimmung der hierbei stattfindenden Volumenverminderung beruht. Es hat diese Methode später allgemeinsten Eingang in die exacte Gasanalyse[1] gefunden, ist zu grosser Vollkommenheit entwickelt worden und dient jetzt nicht allein zur Bestimmung

---

[1] Vergl. R. Bunsen, Gasometrische Methoden, 2. Aufl., Braunschweig 1877, und Walther Hempel, Gasanalytische Methoden, Braunschweig 1890.

des Wasserstoffs, sondern auch zu derjenigen des schwerer verbrennlichen Methans.

Die Verpuffungsmethode besticht zunächst durch ihre un-
bestreitbare Eleganz, aber sie ist nicht frei von Mängeln. Abgesehen davon, dass nicht jedes Gasgemisch ohne Weiteres der
Verpuffung fähig ist, vielmehr erst durch Zusatz von electrolytisch
entwickeltem Knallgas oder, bei Gegenwart von Sauerstoffüber-
schuss, durch Hinzufügung von reinem Wasserstoff explodirbar
gemacht werden muss, ist auch die Mitverbrennung von etwas
Stickstoff durchaus nicht immer mit Sicherheit zu vermeiden.
Ausserdem aber erfordert die Verpuffungsmethode die Anwendung
von Quecksilber als Sperrflüssigkeit und dieser Umstand, sowie
die Umfänglichkeit des zu ihrer Handhabung erforderlichen Apparates mit seinem Zubehör an galvanischer Batterie, Knallgas-
entwickeler und Inductor lässt sie für die Ausführung technischer
Gasuntersuchungen im Allgemeinen nicht recht geeignet erscheinen.
So ist es gekommen, dass ein von H. Seger[1] angegebenes Eudiometer mit Wassersperrung und Kautschukverschluss sich nicht
einzubürgern vermocht hat und dass Walther Hempel[2], welcher früher bestrebt gewesen war, der Verpuffungsmethode durch
Anwendung einer mit Kalilauge gefüllten und mit Electroden zur
Knallgasentwicklung versehenen Explosionspipette eine für technische Zwecke geeignete Gestaltung zu geben, von der Benutzung
dieses Apparates wieder abgegangen ist. Das Gleiche steht aber
von der Vereinigung der Verpuffungsvorrichtung mit dem Orsat'-
schen Apparate zu erwarten, wie sie von Wilh. Thörner[3] in
bester Absicht vorgeschlagen worden ist.

Die Bestimmung von brennbaren Gasen, insbesondere diejenige des Wasserstoffs, auf dem Wege der Verbrennung durch
Verpuffung kann sich indessen auch unter sonst geeigneten Verhältnissen nach Handhabung wie Erfolg zu einer im Allgemeinen
befriedigenden gestalten und das ist der Fall, wenn man sich
der neuerdings von Walther Hempel construirten Explosionspipette mit Quecksilberfüllung bedient.

Anordnung. Die Explosionspipette C (Fig. 70) besteht
aus zwei starkwandigen tubulirten Glaskugeln, welche auf ge-

[1] H. Seger, Thonindustrie-Ztg. 1878, Nr. 25 und 26.

[2] Walther Hempel, Neue Methoden zur Analyse der Gase, Braunschweig 1880, 156.

[3] Wilh. Thörner, Chemiker-Ztg. 1891, 767.

eignete Stative aufgesetzt und in ihren unteren Mündungen durch
einen übersponnenen Gummischlauch miteinander verbunden sind.
Die Explosionskugel *a* mündet, wie die Kugel einer gewöhnlichen Gaspipette, oben in eine heberartig abgebogene, durch
Quetschhahn oder Glasstab verschliessbare Capillare, während sie
unten ihren Abschluss durch den Glashahn *h* erhält, der seiner-

Fig. 70.

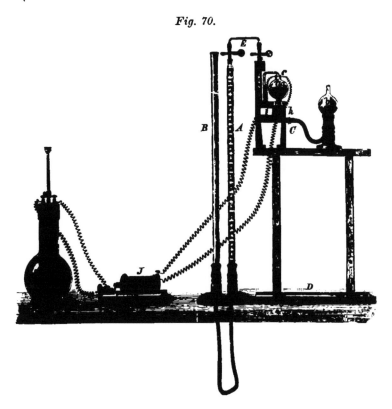

seits wieder durch den erwähnten Gummischlauch mit der Niveaukugel *b* in Verbindung steht. Bei *c* sind zwei dünne Platindrähte in die Verjüngung der Explosionskugel *a* eingeschmolzen;
dieselben stehen innen etwa 2 ^{mm} weit von einander ab, so dass
man den Inductionsfunken zwischen ihnen überspringen lassen
kann. Zu diesem Zwecke sind die äusseren, zu Oesen umgebogenen und am Stative in geeigneter Weise befestigten Enden
dieser Platindrähte durch übersponnene Kupferdrahtspiralen mit
dem Inductionsapparate *J* verbunden, dem seinerseits wieder

der erforderliche Strom durch das Tauchelement T zugeführt wird. Die beiden Kugeln der Explosionspipette sind reichlich zur Hälfte mit Quecksilber gefüllt; hebt man die Niveaukugel b, während man den Hahn h öffnet, so füllt sich die Explosionskugel a bis in das Capillarrohr mit Quecksilber und kann auch, wenn man den Hahn h wieder schliesst, dauernd damit gefüllt erhalten werden.

Handhabung. Man bringt im Messrohr A einer Hempel'schen Gasbürette ein geeignetes Volumen des zu verbrennenden Gases zunächst zur ungefähren Abmessung, stellt sodann die Niveauröhre B auf den Fussboden, lässt das Sperrwasser zwei Minuten lang zusammenfliessen und nimmt nun erst die eigentliche Messung vor. Sodann giebt man der Niveauröhre B abermals Tiefstellung und öffnet den Quetschhahn der Messröhre A solange bis das Sperrwasser bis annähernd auf die unterste Marke gesunken und ein entsprechendes Volumen Luft in die Bürette getreten ist. Nun wartet man wieder zwei Minuten und ermittelt durch Ablesung das Volumen des Gas-Luftgemenges.

Um der Einhaltung des richtigen Verhältnisses zwischen brennbarem Gas und Luft sicher zu sein, hat man sich stets den Verbrennungsvorgang zu vergegenwärtigen. 2 Vol. Wasserstoff erfordern zur Verbrennung 5 Vol. Luft, was zusammen 7 Vol. giebt. Rechnet man dies auf den Fassungsraum der Bürette von 100 ^{ccm} um, so findet man, dass man bei der Verbrennung von Wasserstoff nicht mehr als

$$7 : 2 = 100 : x$$
$$x = 28{,}57 \ ^{ccm}$$

des brennbaren Gases in die Bürette füllen darf, wenn deren übriger Raum zur Aufnahme des zur Verbrennung erforderlichen Luftvolumens von $100{,}00 - 28{,}57 = 71{,}43 \ ^{ccm}$ ausreichen soll. In Wirklichkeit wird man nie bis zu dieser Maximalgrenze gehen, sondern sich mit der Einfüllung von etwa 25 ^{ccm} brennbaren Gases begnügen.

Gilt es dagegen, Methan oder ein Methan enthaltendes Gasgemisch zu verbrennen, so hat man sich daran zu erinnern, dass 2 Vol. Methan 20 Vol. Luft zur Verbrennung erfordern, was zusammen 22 Vol. beträgt. Mithin würden auf eine Bürettenfüllung von 100 ^{ccm} nicht mehr als

$$22 : 2 = 100 : x$$
$$x = 9{,}09 \ ^{ccm}$$

brennbaren Gases angewendet werden dürfen.

Ist der durch Verpuffung zu untersuchende Gasrest so arm
an brennbarem Gase und so reich an Stickstoff, dass er im Gemenge mit Luft nicht zu exploriren vermöchte, so muss man

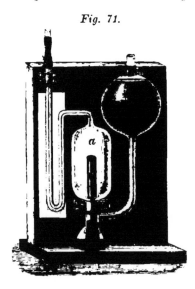

Fig. 71.

ihm einen ausreichenden Betrag
leichtverbrennlichen Gases in
Gestalt von reinem Wasserstoff
zusetzen. Um solchen Wasserstoff stets im Vorrath zur Hand
zu haben, bedient man sich der
Walther Hempel'schen ein-
fachen Wasserstoffpipette.
Dieselbe besteht (Fig. 71) aus
einer Absorptionspipette für feste
und flüssige Reagentien (S. 99),
in deren tubulirten Theil *a* von
unten ein durchbohrter, auf
einem Glasstabe aufsitzender und
solchergestalt vom Verschlusspfropfen getragener Zinkcylinder *c*
eingeführt worden ist. Die Kugel
b dagegen enthält verdünnte

Schwefelsäure. Oeffnet man nach Verdrängung aller Luft aus
dem Apparate den Verschluss der Capillare, so tritt Wasserstoff

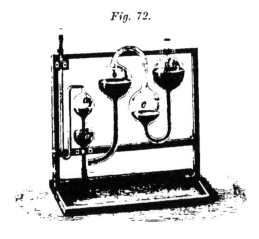

Fig. 72.

aus, den man in
bekannter Weise in
die Messröhre der
Gasbürette über-
führen und dem dar-
in enthaltenen Gas-
gemenge in geeig-
netem Betrage zufü-
gen kann. Schliesst
man hierauf die
Pipette wieder, so
ergänzt sich deren
Gasfüllung von
selbst und die zum
Zinkcylinder ge-

tretene Säure wird in die Kugel *b* zurückgedrängt.

Etwas andere Construction hat Walther Hempel's zusammengesetzte Wasserstoffpipette (Fig. 72). Bei ihr sind

an die Stelle des cylindrischen Entwicklungsgefässes zwei Kugeln a und a_1 getreten, die unter sich in Verbindung stehen und in deren untere Tubulatur bei e ein durch Kautschuk gedichteter Glasstab eingeschoben werden kann, nachdem man vorher a mit reinem, zweckmässig mit Platinblechschnitzeln gemengtem Zink gefüllt hatte. Die Kugel b dient zur Aufnahme der zur Entwicklung des Gases erforderlichen, etwa zehnfach verdünnten Schwefelsäure. Diese führt man mit Hilfe eines langen Trichterrohres durch die Capillare ein, wobei sich die Kugeln b und c gleich mit Wasserstoff füllen. Zuletzt giesst man in d etwas Quecksilber, doch genügt für gewöhnlich auch schon Absperrung durch Wasser. Das in derartigen Wasserstoffpipetten entwickelte Gas ist niemals ganz rein und pflegt namentlich einen kleinen Betrag an Luft zurückzuhalten, die jedoch ohne Einfluss auf seine Verwendbarkeit ist.

Wenn das Gemenge des brennbaren Gases mit Luft, erforderlichenfalls unter Zugabe eines natürlich ebenfalls zu messenden Volumens Wasserstoff, hergestellt ist, so kann man zur Verpuffung schreiten. Man stellt die Explosionspipette C auf die Holzbank D, füllt ihre Kugel a durch Heben der Kugel b mit Quecksilber und schliesst den Hahn h. Sodann verbindet man das capillare Ausgangsrohr der Explosionspipette durch Einschaltung der Capillare E mit der Messröhre A der Gasbürette, öffnet den Hahn h und füllt durch Heben der Niveauröhre B bei geöffneten Quetschhähnen das Gasgemenge in die Explosionskugel a über, worauf der frühere Abschluss wieder hergestellt wird. Bevor man den Glashahn h schliesst, empfiehlt es sich, das explosible Gasgemenge durch entsprechendes Senken der Kugel b zu verdünnen; ist das Gasgemenge nicht sehr explosiv oder ist sein Volumen kein grosses, so kann man genannten Hahn wohl auch offen lassen. Man setzt nun das Tauchelement T in Wirksamkeit, schliesst den Strom und sieht im Augenblick die von Feuererscheinung, Erschütterung und Behauchung des Quecksilbers begleitete Explosion eintreten. Der Gasinhalt der Kugel a wird sodann in die Gasbürette A zurückgefüllt und nach dem Zusammenlaufen des Sperrwassers die eingetretene Contraction abgelesen.

Anwendung:

1) **Bestimmung des Wasserstoffs bei Abwesenheit anderer Gase.** Man füllt, um sich mit der Handhabung der

Methode vertraut zu machen, aus einer Wasserstoffpipette 20 bis 25^{ccm} Wasserstoff in die Messröhre einer Gasbürette über, ergänzt deren Gasfüllung durch Zulassung von Luft auf nahezu 100^{ccm}, notirt nach jedesmaliger sorgfältiger Ablesung beide Beträge, füllt das Gasgemenge in die Explosionspipette über, bewirkt durch Schliessung des Stromes die Verpuffung, bringt das Gas in die Bürette zurück und bestimmt durch erneute Ablesung die eingetretene Contraction.

Beispiel:

Angewendeter Wasserstoff	20,4^{ccm}
Wasserstoff + Luft	96,2 »
Hiernach Luft	75,8 »
Darin Sauerstoff	15,2 »
Theoretisch erforderlicher Sauerstoff	10,2 »
Angewendeter Sauerstoffüberschuss	5,0 »
Gasvolumen nach der Explosion	65,9 »
Contraction (96,2 — 65,9 =)	30,3 »

Gefunden:

$$\frac{30,3 \cdot 2}{3} = 20,20^{ccm} \text{ Wasserstoff.}$$

2) **Bestimmung des Wasserstoffs bei Gegenwart anderer Gase, aber Abwesenheit von Methan, z. B. im nichtcarburirten Wassergas.** Man entfernt und bestimmt zunächst auf dem Wege der Absorption der Reihe nach Kohlensäure und Kohlenoxyd (vergl. S. 105), mischt einen gemessenen Theil des verbliebenen nichtabsorbirbaren Gasrestes mit mindestens seinem 2½fachen Volumen Luft, führt das vorher ebenfalls gemessene Gasgemenge in die Explosionspipette über, bewirkt die Verpuffung durch den Inductionsfunken und misst den verbliebenen, nicht brennbaren Theil des Gases in der Gasbürette zurück.

Beispiel:

Untersuchung von Wassergas aus dem Strong'schen Ofen.

Angewendetes Gasvolumen 99,8^{ccm}.

A. Bestimmung der absorbirbaren Bestandtheile.

Nach Absorption mit Kalilauge	95,7^{ccm},		
Volumenabnahme	4,1 »	= 4,12 Vol.-Proc. Kohlensäure,
Nach zweimaliger Absorption mit ammoniakalischem Kupferchlorür	56,0 »		
Volumenabnahme	39,7 »	= 39,78 Vol.-Proc. Kohlenoxyd,
Nichtabsorbirbarer Gasrest	56,0 »		

B. Bestimmung des Wasserstoffs.

Da das Volumen des nichtabsorbirbaren Gasrestes zu gross ist, um bei dem beschränkten Fassungsraum der Bürette die Zumischung einer zur Verbrennung des Wasserstoffs ausreichenden Menge Luft zu gestatten, so wird für die Fortsetzung der Analyse nur ein Theil desselben verwendet.

Angewendetes nichtabsorbirbares
  Gas (entsprechend 43,13 ^{ccm} vom
  ursprünglichen Gasvolumen)   24,2 ^{ccm},
Gas + Luft   98,3 »
Hiernach Luft   74,1 »
Darin Sauerstoff   14,8 »
  »   Stickstoff   59,3 »
Gasvolumen nach der Explosion   69,5 »
Contraction (98.3 — 65,9 =)   32,4 »

    entsprechend:

Wasserstoff (aus dem Gase)   21,6 » = 50,08 Vol.-Proc. Wasserstoff,
Sauerstoff (aus der Luft)   10,8 »
Nichtverbrennbarer Gasrest   65,9 »

C. Bestimmung des Stickstoffs.

Der Stickstoffgehalt des Gases ergiebt sich aus der Differenz zwischen dem Volumen des nichtabsorbirbaren Gasrestes und dem Volumen des durch Verbrennung darin gefundenen Wasserstoffs.

Angewendetes nichtabsorbirbares
  Gas (entsprechend 43,13 ^{ccm} vom
  ursprünglichen Gasvolumen, wie
  bei B)   24,2 ^{ccm},
Darin Wasserstoff   21,6 »
Verbleibt Rest   2,6 » = 6,02 Vol.-Proc. Stickstoff.

    Gefunden:

        Kohlensäure   4,12 Vol.-Proc.
        Kohlenoxyd 39,78 »   »
        Wasserstoff 50,08 »   »
        Stickstoff   6,02 »   »
              100,00.

3) Bestimmung von Wasserstoff und Methan nebeneinander, z. B. in Leuchtgas (Steinkohlengas, Cannelgas, Oelgas, Mischgas etc.) Generatorgas u. dergl. Man entfernt und bestimmt, sofern solche vorhanden sind, zunächst die absorbirbaren Bestandtheile in der S. 105 angegebenen Reihenfolge, führt von dem verbliebenen nichtabsorbirbaren Gasreste, je nachdem er vorwiegend Methan oder Wasserstoff enthält, 8 bis 15 ^{ccm} in eine Hempel'sche Bürette über, verdünnt ihn nach vorge-

nommener Messung durch Zulassen von Luft auf nahezu 100 ᶜᶜᵐ, misst auf's Neue, bringt das Gasgemenge in der Explosionspipette zur Verpuffung und bestimmt nach dem Zurückfüllen in die Bürette die eingetretene Contraction. Sodann entzieht man dem Gase in der Kalipipette die bei der Verbrennung des Methans entstandene Kohlensäure und ermittelt die dadurch herbeigeführte Volumenverminderung. Aus Letzterer ergiebt sich zunächst das Volumen des vorhanden gewesenen Methans; durch Verdoppelung desselben erfährt man den Betrag der durch die Verbrennung des Methans herbeigeführten Contraction und durch Abzug dieser von der Gesammtcontraction wieder die auf die Verbrennung des Wasserstoffs entfallende Contraction. Letztere ist, um den Wasserstoffgehalt zu finden, mit $\frac{2}{3}$ zu multipliciren.

Um sicher zu sein, die Verbrennung unter Anwendung einer ausreichenden Luftmenge vorgenommen zu haben, unterwirft man das zuletzt übrig bleibende Gas in einer Absorptionspipette der Behandlung mit Phosphor oder Pyrogallussäure, wobei es durch Abgabe von übriggebliebenem Sauerstoff stets eine Volumenverminderung erleiden muss.

Im vorliegenden Falle werden Wasserstoff und Methan durch gemeinsame Verbrennung bestimmt. Empfehlenswerth ist es, beim gleichzeitigen Vorhandensein dieser beiden Gase, sich nicht der Explosionsmethode, sondern der unten unter *B* und *C* beschriebenen Methoden zu bedienen, welche deren gesonderte Verbrennung gestatten.

Beispiel:

Untersuchung von Steinkohlengas.

Angewendetes Gasvolumen 99,7 ᶜᶜᵐ.

A. Bestimmung der absorbirbaren Bestandtheile.

Nach Absorption mit Kalilauge 95,9 ᶜᶜᵐ,
      Volumenabnahme 3,8 » = 3,81 Vol.-Proc. Kohlensäure,
Nach Absorption mit rauchender Schwefelsäure und Beseitigung des Säuredampfes in der Kalipipette 91,2 »
      Volumenabnahme 4,7 » = 4,71 Vol.-Proc. schwere Kohlenwasserstoffe,
Nach Absorption mit alkalischer Pyrogallussäure 90,6 »
      Volumenabnahme 0,6 » = 0,60 Vol.-Proc. Sauerstoff,

Nach zweimaliger Absorption mit
ammoniakalischem Kupferchlorür 80,7 ^{ccm},
Volumenabnahme 9,9 » = 9,93 Vol.-Proc. Kohlenoxyd,
Nichtabsorbirbarer Gasrest 80,7 »

B. Bestimmung von Wasserstoff und Methan.

Angewendetes nichtabsorbirbares
Gas (entsprechend 15,07 ^{ccm} vom
ursprünglichen Gasvolumen) 12,2 ^{ccm},
Gas + Luft 99,0 »
Hiernach Luft 86,8 »
Darin Sauerstoff 17,4 »
» Stickstoff 69,4 »
Gasvolumen nach der Explosion 79,0 »
Gesammt-Contraction, entstanden
durch Verbrennung von Methan
und Wasserstoff (99,0 — 79,0 =) 20,0 » ·
Nach Absorption mit Kalilauge 74,4 » .
Volumenabnahme (CO_2) 4,6 » = 4,6 ^{ccm} CH_4 ⎫
⎬ = 30,52
Contraction, entstanden durch Ver- Vol.-Proc.
brennung des Methans (4,6 · 2 =) 9,2 » = $\frac{9,2}{2}$ = 4,6 ^{ccm} CH_4 ⎭ Methan,

Contraction, entstanden durch Verbrennung des Wasserstoffs

(20,0 — 9,2 =) 10,8 » = $\frac{10,8 \cdot 2}{3}$ = 7,2 ^{ccm} H = 47,78
Vol.-Proc. Wasserstoff.

C. Bestimmung des Stickstoffs.

Angewendetes nichtabsorbirbares
Gas (entsprechend 15,07 ^{ccm} vom
ursprünglichen Gasvolumen, wie
bei B) 12,2 ^{ccm},

Darin enthalten:

Methan 4,6 ^{ccm}
Wasserstoff 7,2 »
Zusammen 11,8 »
Verbleibt Rest 0,4 » = 2,65 Vol.-Proc. Stickstoff.

Gefunden:

Kohlensäure	3,81	Vol.- Proc.	
Schwere Kohlenwasserstoffe	4,71	»	»
Sauerstoff	0,60	»	» .
Kohlenoxyd	9,93	»	»
Methan	30,52	»	»
Wasserstoff	47,78	»	»
Stickstoff	2,65	»	»
	100,00.		

4. Bestimmung des Methans bei Abwesenheit von Wasserstoff, z. B. in schlagenden Wettern.

Um ein Gemenge von Methan und Luft durch den Inductionsfunken zur Verpuffung zu bringen, muss ihm aus einer Wasserstoffpipette ein gemessenes Volumen reiner Wasserstoff, bei etwaigem
Sauerstoffmangel auch noch ein weiteres, ebenfalls zu messendes
Quantum Luft zugesetzt werden, worauf man es in die Explosionspipette überführt und den Strom schliesst. Nach erfolgter Verpuffung lässt man das Gas zunächst in die Gasbürette zurück-
treten, misst sein Volumen und bewirkt schliesslich in der Kalipipette die Absorption der gebildeten Kohlensäure, deren Volumen
demjenigen des vorhanden gewesenen Methans gleich ist. Den
Methangehalt aus der beobachteten Contraction zu berechnen,
ist minder rathsam, weil der einer Wasserstoffpipette entnommene
Wasserstoff niemals ganz rein ist.

Beispiel:

Bestimmung des Methangehaltes von schlagenden Wettern.

Angewendetes Gasvolumen	85,1 ccm,
Gas + Wasserstoff	95,4 »
Hiernach Wasserstoff	10,3 »
Gasvolumen nach der Explosion	70,5 »
Nach Absorption mit Kalilauge	65,7 »
Volumenabnahme (CO_2)	4,8 »

Gefunden:

$$4,8^{ccm} = 5,63 \text{ Vol.-Proc. Methan.}$$

B. Verbrennung unter Vermittelung von schwacherhitztem Palladium.

Mehrere Metalle der Platingruppe, wie Platin, Iridium und
ganz besonders Palladium, besitzen die Fähigkeit, die Verbrennung
mehrerer Gase durch Sauerstoff schon bei einer unterhalb deren
Entflammungspunkt liegenden Temperatur herbeizuführen und
zwar äussert sich dieselbe in um so höherem Grade, in je feinerer
Zertheilung jene Metalle zur Anwendung kommen, je grösser also
die Oberfläche ist, die sie dem Gase darbieten. Besonders leicht
und vollständig gelangt der Wasserstoff zur Verbrennung, wenn
man ihn im Gemenge mit einem ausreichenden Volumen Luft
über schwach erhitztes, feinvertheiltes Palladium führt, etwas
schwieriger, aber noch immer mühelos, lassen sich unter solchen

Verhältnissen Kohlenoxyd, Aethylen, Benzol verbrennen, während Methan, dessen Entzündungstemperatur sehr hoch (bei etwa 790°) liegt, unverändert bleibt, sobald die Temperatursteigerung nur in den nöthigen Schranken gehalten wird. Es ergiebt sich hieraus die Möglichkeit der Bestimmung leichtverbrennlicher Gase neben dem schwerverbrennlichen Methan, eine Trennung derselben auf dem Wege der fractionirten Verbrennung und es ist diese von besonderer praktischer Bedeutung für die Bestimmung des Wasserstoffs neben Methan, weil diese beiden Gase es sind, welche die brennbaren Bestandtheile des bei der absorptiometrischen Analyse von Gasgemengen übrig bleibenden Gasrestes bilden.

Die fractionirte Verbrennung wurde zuerst von W. Henry[1] angewendet, der sich dabei des auf 177° erhitzten schwammigen Platins bediente; H. Bunte[2] bewirkte dieselbe durch Ueberleiten des Gases über schwacherhitzten Palladiumdraht, Walther Hempel[3] verwendete an dessen Stelle oberflächlich oxydirten Palladiumschwamm, den er bei etwa 100° auf das verbrennliche Gasgemisch einwirken liess, und verwerthete später[4] auch das Vermögen des feinzertheilten Palladiums, den Wasserstoff durch Occlusion festzuhalten, zu einer absorptiometrischen Bestimmung desselben in dem solchenfalls nicht mit Luft versetzten Gasgemenge, während der Verfasser[5] sich des Palladium-Asbestes als Vermittlers für die fractionirte Verbrennung bediente und der von ihm ausgearbeiteten, nachstehend zu beschreibenden Methode noch heute den Vorzug giebt.

Anordnung. Der ganze, höchst einfache Verbrennungsapparat besteht aus einem kurzen, beiderseitig rechtwinklig abgebogenen gläsernen Capillarrohr, in welches ein Faden von mit fein zertheiltem Palladium imprägnirtem Asbest locker eingeschoben worden ist, so dass er den Durchfluss eines Gasstromes nur wenig zu behindern vermag.

Die Darstellung des Palladium-Asbestes erfolgt in nachstehender Weise: 1 g Palladium löst man in Königswasser, dampft die Lösung im Wasserbade zur Trockne, so dass die anhaftende

[1] W. Henry, Annals of Philosophy, 25, 428.
[2] H. Bunte, Ber. d. deutsch. chem. Ges. XI, 1123.
[3] Walther Hempel, Ber. d. deutsch. chem. Ges. XII, 1006.
[4] Walther Hempel, Gasanalytische Methoden, Braunschweig 1890, 136.
[5] Cl. Winkler, Anleit. z. chem. Unters. der Industrie-Gase, 2. Abth., 257.

freie Salzsäure mit möglichster Vollkommenheit entfernt wird, und löst das erhaltene Palladiumchlorür in möglichst wenig Wasser auf. Zu dieser concentrirten Lösung setzt man einige Cubikcentimeter einer kaltgesättigten Lösung von ameisensaurem Natrium und soviel kohlensaures Natrium, dass die Flüssigkeit stark alkalische Reaction annimmt. Sodann bringt man in dieselbe 1 g recht weichen, langfaserigen Amianth, der, wenn man allen unnützen Wasserzusatz vermieden hatte, die gesammte Flüssigkeit aufsaugt, sich damit in eine dickbreiige Masse verwandelnd. Diese lässt man in gelinder Wärme eintrocknen, wobei sich schwarzes, fein zertheiltes Palladium gleichmässig auf die Asbestfaser niederschlägt. Um dasselbe zum Festhaften zu bringen, muss der so präparirte Asbest bis zur vollkommensten Austrocknung im Wasserbade erhitzt werden, worauf man ihn in warmem Wasser aufweichen, auf einen Glastrichter bringen und durch gründliches Auswaschen von allen anhaftenden Salzen befreien kann, ohne dass deshalb ein Palladiumverlust einträte. Nach erfolgtem Trocknen zeigt das Präparat dunkelgraue Farbe, neigt wenig zum Abfärben und besitzt einen Palladiumgehalt von 50 Proc. Dasselbe ist von hoher chemischer Wirksamkeit, vermag in völlig trockenem Zustande Wasserstoff und Sauerstoff schon bei gewöhnlicher Temperatur zu vereinigen, wird aber des sichereren Erfolges halber immer in erhitztem Zustande angewendet. Nach gleichem Verfahren stellt man den für andere Zwecke erforderlichen Platin-Asbest (S. 128) dar, doch genügt es, diesem einen Platingehalt von 10 bis 25 Proc. zu geben.

Zur Anfertigung der Verbrennungscapillaren verwendet man gläsernes Capillarrohr von ohngefähr 1^{mm} innerer und 5^{mm} äusserer Weite, welches man in Stücke von 15 bis 16 ^{cm} Länge schneidet. In diese muss der Asbestfaden vor dem seitlichen Abbiegen ihrer Enden eingeführt werden und zwar bewerkstelligt man dies in folgender Weise: Einige lose Fasern des Palladium-Asbestes legt man auf einer Unterlage von glattem Filtrirpapier auf die Länge von etwa 4^{cm} neben- und aneinander, befeuchtet sie mit wenigen Tropfen Wasser und dreht sie hierauf, indem man mit dem Finger darüber hingleitet, zum feinen, geraden Schnürchen zusammen, welches im feuchten Zustande die Stärke eines kräftigen Zwirnfadens hat. Dieses Schnürchen fasst man an einem Ende mit der Pincette und lässt es, ohne es zu biegen oder zu knicken, von oben in das vertical gehaltene Capillarrohr gleiten. Hierauf füllt man dieses mit Hilfe der

Spritzflasche mit Wasser und befördert durch Aufklopfen oder durch seitliches Abfliessenlassen des Wasserfadens das Asbestschnürchen bis in die Mitte der Röhre. Zuletzt lässt man diese sammt ihrer Füllung an einem warmen Orte trocknen, biegt die beiden Rohrenden auf je 3,5 bis 4 cm Länge rechtwinkelig ab und rundet die Schnittflächen vor der Lampe.

Als Messapparat dient (Fig 73) eine Hempel'sche Bürette A mit zugehöriger einfacher Absorptionspipette C. Letztere ist mit Wasser gefüllt und trägt, an die Rückwand ihres Holzstativs befestigt, aber nach verschiedenen Richtungen hin dreh- und verschiebbar, das in einen kleinen Specksteinbrenner auslaufende Messingrohr G, welches durch einen Gummischlauch mit der Gasleitung verbunden wird und zur Erzeugung einer kleinen Gasflamme F dient. Durch diese lässt sich die zwischen A und C befindliche Verbrennungscapillare E nach Belieben erhitzen; will man die

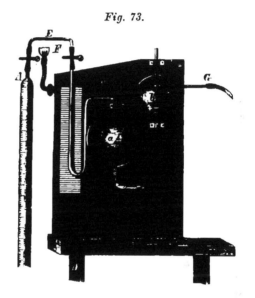

Fig. 73.

Erhitzung unterbrechen, so braucht man, ohne die Flamme auszulöschen, das Rohr G nur etwas nach rückwärts zu drehen.

Handhabung. Man ermittelt durch Ablesung das Volumen des bereits in der Bürette A befindlichen brennbaren Gases, welches im günstigsten Falle nicht mehr als 25 ccm betragen darf, setzt die Niveauröhre auf den Zimmerboden und lässt durch Oeffnen des Quetschhahnes soviel Luft zutreten, dass das Gesammtvolumen des abgesperrten Gasgemisches nahezu, aber nicht ganz, 100 ccm beträgt. Nach dem Zusammenlaufen des Sperrwassers bringt man es sorgfältig zur Messung. Hierauf schaltet man zwischen die Messröhre A und die Pipette C die Verbrennungscapillare E ein und erhitzt diese etwa 1 bis 2 Min. lang mit Hilfe der kleinen Gasflamme F. Die Erhitzung braucht nur

10*

eine gelinde zu sein und darf keinesfalls bis zum sichtbaren
Glühen oder gar bis zum Erweichen des Glasrohres steigen.
Nun kann die Verbrennung beginnen. Man giebt der Niveauröhre erhöhte Stellung, öffnet die Quetschhähne und führt das
Gasgemenge in langsamem Strome durch den erhitzten Palladium-
Asbest in die Pipette C über. Das dem Gasstrome entgegen-
gerichtete Ende des Asbestschnürchens geräth hierbei in deut-
liches Glühen, und dieses Glühen macht sich häufig auch wieder
bemerklich, wenn man die Gasprobe auf gleichem Wege in die
Messröhre zurücktransportirt. Während der ganzen Operation
wird das Gasflämmchen unter der Capillare belassen, im Uebrigen
hat man nur darauf zu achten, dass der Durchgang des Gases
nicht zu schnell erfolgt und keine Wassertröpfchen in den erhitzten Theil der Capillare gelangen, weil diese dann springen
könnte. In der Regel ist bei leicht verbrennbaren Gasen die
Verbrennung nach zweimaligem Hin- und Hergange der Gasprobe
beendet, jedenfalls aber muss man sich davon überzeugen, ob
bei nochmaliger Ueberfüllung derselben auch wirklich keine
Volumenabnahme mehr eintritt. Der zuletzt verbliebene Gasrest
wird gemessen und auf solche Weise die stattgehabte Contraction
ermittelt. Aus ihr lässt sich entweder direct oder nach vorgenommener Entfernung der durch die Verbrennung etwa entstandenen Kohlensäure und Bestimmung der dadurch herbeigeführten Volumenabnahme die Menge des zur Verbrennung gelangten Gases berechnen.

Am leichtesten und schnellsten lässt sich auf diese Weise
die Verbrennung des Wasserstoffs herbeiführen, etwas weniger
leicht, aber noch immer sehr bequem, erfolgt die Verbrennung
des Kohlenoxydgases, langsam und nur bei verstärkter Hitze diejenige des Aethylens, Acetylens und Benzols, gar nicht diejenige
des Methans. Selbst bei Gegenwart eines bedeutenden Ueberschusses leicht verbrennlicher Gasarten hat sich die Mitverbrennung von Methan als eine zweifelhafte, mindestens ganz geringfügige, erwiesen. Der Eintritt einer Explosion ist nie beobachtet
worden.

Anwendung:

1) Bestimmung des Wasserstoffs bei Abwesenheit
anderer Gase. Um sich mit der Handhabung der Methode
vertraut zu machen, fülle man aus einer Wasserstoffpipette (S. 138)
20 bis 25^{ccm} Wasserstoff in die Messröhre, ergänze deren Gas-

füllung durch Zulassen von Luft bis auf nahezu 100 ᶜᶜᵐ und
notire nach jedesmaliger sorgfältiger Ablesung beide Beträge.
Hierauf führe man die Verbrennung, wie beschrieben, aus und
ermittele durch abermalige Ablesung die eingetretene Volumenabnahme. Da das angewendete Wasserstoffgas etwas Luft zu
enthalten pflegt, so wird das Ergebniss meist um ein Geringes
zu niedrig ausfallen.

Beispiel:

Angewendeter Wasserstoff	22,8 ᶜᶜᵐ,
Wasserstoff + Luft	98,0 »
Hiernach Luft	75,2 »
Darin Sauerstoff	15,0 »
Theoretisch erforderlicher Sauerstoff	11,4 »
Angewendeter Sauerstoffüberschuss	3,6 »
Gasvolumen nach der Verbrennung	64,0 »
Contraction (98,0 — 64,0 =)	34,0 »

Gefunden:

$$\frac{34,0 \cdot 2}{3} = 22,66\,^{ccm}\ \text{Wasserstoff.}$$

2) Bestimmung des Wasserstoffs bei Gegenwart anderer Gase, z. B. im Wassergas, Heizgas, Leuchtgas
(Steinkohlengas, Cannelgas, Oelgas, Mischgas etc.), Generatorgas u. a. m.
Man entfernt und bestimmt zunächst auf dem Wege der Absorption, soweit dieselben vorhanden, der Reihe nach Kohlensäure,
schwere Kohlenwasserstoffe, Sauerstoff, Kohlenoxyd (vergl. S. 105),
mischt das hierbei übrig bleibende Gas oder einen gemessenen
Theil desselben mit einem zur Verbrennung des darin enthaltenen
Wasserstoffs sicher ausreichenden Volumen Luft und führt das
Gemenge über erhitzten Palladium-Asbest. In dem jetzt verbleibenden Gasreste können, als dem Untersuchungsobjecte an-
gehörig, nur noch Methan und Stickstoff auftreten, verdünnt
durch die ihrer Menge nach bekannten Restbestandtheile der
zugesetzten Luft, Stickstoff und Sauerstoff. Das darin enthaltene Methan bestimmt man gesondert nach einer der unter C
(S. 152) beschriebenen Methoden durch Verbrennung unter Vermittelung von glühendem Platin, der Stickstoffgehalt ergiebt sich
aus der Differenz.

Beispiel:

Untersuchung eines methanfreien, stickstoffreichen Heizgases, erhalten beim Betriebe von Koksgeneratoren mit Luft und Wasserdampf.

Angewendetes Gasvolumen 99,7 ccm.

A. Bestimmung der absorbirbaren Bestandtheile.

Nach Absorption mit Kalilauge	87,5 ccm,	
Volumenabnahme	12,2 »	= 12,24 Vol.-Proc. Kohlensäure,
Nach zweimaliger Absorption mit ammoniakalischen Kupferchlorür	70,0 »	
Volumenabnahme	17,5 »	= 17,57 Vol.-Proc. Kohlenoxyd,
Nichtabsorbirbarer Gasrest	70,0 »	

B. Bestimmung des Wasserstoffs.

Zur Verbrennung verwendet nicht-absorbirbares Gas (entsprechend 72,95 ccm vom ursprünglichen Gasvolumen)	51,2 ccm,	
Gas + Luft	98,3 »	
Hiernach Luft	47,1 »	
Darin Sauerstoff	9,4 »	
» Stickstoff	37,7 »	
Gasvolumen nach der Verbrennung	82,4 »	
Contraction (98,3 — 82,4 =)	15,9 »	

entsprechend:

Wasserstoff (aus dem Gase)	10,6 »	= 14,53 Vol.-Proc. Wasserstoff,
Sauerstoff (aus der Luft)	5,3 »	
Nichtverbrennbarer Gasrest	82,4 »	

C. Bestimmung des Stickstoffs.

Angewendetes nichtabsorbirbares Gas (entsprechend 72,95 ccm vom ursprünglichen Gasvolumen, wie bei B)	51,2 ccm,	
Darin Wasserstoff	10,6 »	
Verbleibt Rest	40,6 »	= 55,66 Vol.-Proc. Stickstoff.

Gefunden:

Kohlensäure	12,24	Vol.- Proc.	
Kohlenoxyd	17,57	»	»
Wasserstoff	14,53	»	»
Stickstoff	55,66	»	»
	100,00.		

3) **Bestimmung des Sauerstoffs in der atmosphärischen Luft und anderen geeigneten Gasgemengen.** Man setzt

dem in der Bürette abgemessenen Gase ein dessen Sauerstoff-
inhalt um mehr als das Doppelte übersteigendes Volumen Wasserstoff zu und bewirkt die Verbrennnung in der Capillare. Da
hierbei auf je 1 Vol. Sauerstoff 2 Vol. Wasserstoff zum Verschwinden gelangen, so ist, wenn man den Sauerstoffgehalt ermitteln will, die beobachtete Contraction mit $\frac{1}{3}$ zu multipliciren.

B e i s p i e l :

Angewendete Luft	66,7 ^{ccm},
Luft + Wasserstoff	99,2 »
Hiernach zugesetzter Wasserstoff	32,5 »
Theoretisch erforderlicher Wasserstoff	27,6 »
Angewendeter Wasserstoffüberschuss	4,9 »
Gasvolumen nach der Verbrennung	57,8 »
Contraction	41,4 »

G e f u n d e n :

$$\frac{41,4}{3} = 13,8^{ccm} = 20,69 \text{ Vol.-Proc. Sauerstoff.}$$

4) Bestimmung des Kohlenoxyds in Rauchgasen,
Hohofengasen, Brandwettern u. a. m. Man bestimmt zunächst die vorhandene Kohlensäure absorptiometrisch, setzt dem
unabsorbirbaren Gasreste oder einem gemessenen Theil desselben
ein bestimmtes, überschüssiges Volumen Luft zu und bewirkt die
Verbrennung in der Capillare. Sie erfolgt nach dem Vorgange

$$CO + O \quad = CO_2$$
$$2 \text{ Vol.} + 1 \text{ Vol.} = 2 \text{ Vol.};$$

demnach muss das Volumen der zugesetzten Luft mindestens das
$2\frac{1}{2}$ fache von demjenigen des Kohlenoxyds betragen. Die nach
der Verbrennung eingetretene Contraction ist mit 2 zu multipliciren; genauer wird jedoch das Volumen des vorhanden gewesenen Kohlenoxyds gefunden, wenn man die aus seiner Verbrennung hervorgegangene Kohlensäure in der Kalipipette zur Absorption bringt und darauf die gesammte Volumenabnahme mit
$\frac{2}{3}$ multiplicirt.

Die Verbrennung des Kohlenoxyds zu Kohlensäure unter
Vermittelung von Palladium- oder unter Umständen auch Platin-
Asbest gewährt insbesondere dann Vortheil, wenn es sich um
Bestimmung relativ kleiner Kohlenoxydbeträge handelt, wie solche
in der Zimmerluft oder, nicht selten bei gleichzeitiger Gegen-
wart von Methan, in den Brandwettern der Steinkohlengruben

aufzutreten vermögen. Die gebildete Kohlensäure kann jedoch
dann nicht auf gasvolumetrischem, sondern sie muss auf titrimetrischem Wege bestimmt werden. Man bedient sich dabei des
zur Gasverbrennung unter Vermittelung von erhitztem Kupferoxyd dienenden, unter *D* beschriebenen Apparates (s. u.), wendet
aber an Stelle des mit Kupferoxyd beschickten Verbrennungsrohres ein gleichgrosses, mit Platin-Asbest oder besser Palladium-
Asbest gefülltes und bis zum kaum beginnenden Glühen erhitztes
Rohr an, in welchem sich nur die Verbrennung des Kohlenoxyds,
nicht aber diejenige des Methans, vollzieht. Die entstandene
Kohlensäure wird in titrirtem Barytwasser aufgefangen und dessen
Ueberschuss mit Normal-Oxalsäure zurückgemessen. Nach dieser
Behandlung kann etwa vorhandenes und unverändert im Gase
verbliebenes Methan durch Verbrennung mit glühendem Kupfer-
oxyd bestimmt werden.

C. Verbrennung unter Vermittelung von glühendem Platin.

Während Palladium sowohl in compacter wie namentlich in
feinvertheilter Gestalt schon bei gelinder Erhitzung die Verbrennung von Wasserstoff, Kohlenoxyd und schweren Kohlenwasserstoffen durch Luft zu vermitteln vermag, ohne dass verhandenes
Methan dabei eine Veränderung erleidet, erfolgt auch die Verbrennung des Methans leicht und ohne Eintritt von Explosion,
sobald man es, mit einem ausreichenden Quantum Luft gemischt,
bei heller Rothglühhitze in Berührung mit Palladium bringt.
Da Palladium jedoch in hoher Temperatur wenig Festigkeit zeigt
und namentlich dünne Drähte desselben, wenn man sie in's
Glühen versetzt, leicht abreissen, ausserdem aber im vorliegenden
Falle durch das erhitzte Metall hauptsächlich eine Wärmeüber-
tragung an das brennbare Gasgemisch angestrebt wird, so ist es
vorzuziehen, sich an Stelle des Palladiums des Platins zu bedienen, welches jenem an Wirksamkeit kaum nachsteht, aber ungleich dauerhafter ist.

a. J. Coquillion's Grisoumeter.

Das Verhalten eines Methan-Luftgemisches, demzufolge dasselbe in Berührung mit glühendem Palladium oder Platin vollkommene, aber explosionslose Verbrennung erleidet, wurde von
J. Coquillion[1] festgestellt. Es bildet die Grundlage der von

---

[1] J. Coquillion, Compt. rend. 1877, T. 84, 458.

Demselben herrührenden Methode zur Untersuchung der schlagen-
genden Wetter mit Hilfe des sogenannten Grisoumeters, welche
zwar ohne praktischen Werth geblieben ist, immerhin aber an
dieser Stelle kurze Erwähnung finden möge.

Anordnung. Das Grisoumeter (Fig. 74) besteht aus dem
Messrohr A, welches oben in ein T-Rohr mit zwei Hähnen ausläuft. Es fasst von diesen Hähnen bis zur Nullmarke 25 ᶜᶜᵐ und
ist im unteren cylindrischen Theile mit Cubikcentimeter-Theilung
versehen. Sein Ausgangsende steht durch einen Schlauch mit
der mit Wasser gefüllten
Niveauflasche F in
Verbindung, durch die
es in der beim Orsat'-
schen Apparate (S. 89)
beschriebenen Weise ge-
füllt und entleert werden
kann.   Durch   seine
beiden Hähne lässt sich
das Messrohr einestheils
mit dem Aufbewahrungs-
gefässe für die Gasprobe,
anderentheils   mit   dem
Verbrennungsgefässe
B in   Communication
setzen, welches Letztere
in C seinen hydraulischen
Abschluss findet.   Will
man   nach   vorgenom-
mener Verbrennung die

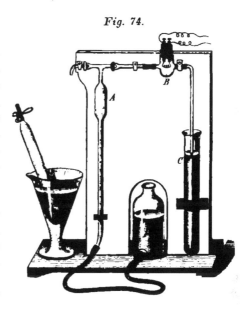

Fig. 74.

entstandene Kohlensäure aus dem Gase entfernen und zur
Messung bringen, so versieht man den Apparat noch mit dem
mit Kalilauge beschickten Absorptionsgefäss D und erhält
durch diese Abänderung J. Coquillion's Carburometer
(Fig. 75). Der den Verschluss des fingerhutförmigen Glasgefässes B
bildende Kautschukpfropfen trägt in seinen Durchbohrungen zwei
starke, mit Klemmschrauben versehene Messingstifte, deren innere
Enden durch eine Spirale aus dünnem Palladium- oder Platindraht verbunden sind, die sich durch Zuleitung eines genügend
starken Stromes in electrisches Glühen versetzen lässt.

Handhabung. Man füllt das Messrohr A durch Heben
der Niveauflasche F, mit Wasser, verbindet sein Ausgangsende

mit dem die Gasprobe enthaltenden Glascylinder, öffnet dessen untere, in Wasser tauchende Mündung durch Entfernung des Verschlusspfropfens und führt seinen Gasinhalt durch Senken der Niveauflasche F bei geöffnetem Hahne in das Messrohr A über, dabei in bekannter Weise auf die Nullmarke einstellend. Sodann versetzt man durch Schliessung des Stromes die im Gefässe B befindliche Platinspirale in helles Glühen und führt durch wechselsweises Heben und Senken der Niveauflasche F das Gas wiederholt daran vorüber. Nach erfolgter Abkühlung ermittelt man durch erneute Messung die eingetretene Contraction und durch Halbirung dieser das Volumen des vorhanden gewesenen Methans.

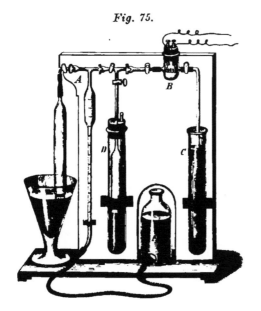

Fig. 75.

Ist der Methangehalt eines Gases so hoch, dass der vorhandene Sauerstoff nicht zu seiner Verbrennung ausreichen würde, so muss man vor deren Beginn ein gemessenes Volumen Luft zusetzen.

Anwendung: Bestimmung des Methans in den schlagenden Wettern der Steinkohlenbergwerke. Verfahren wie vorstehend beschrieben. Die Verbrennung erfolgt leicht und schnell, dagegen nimmt die Abkühlung des Apparates verhältnissmässig lange Zeit in Anspruch und die Richtigkeit der gefundenen Gehalte ist eine nur annähernde. Die für die Wettercontrole in Steinkohlengruben so wichtige Bestimmung kleinerer Methangehalte ist mit Hilfe des Grisoumeters nicht möglich.

b. Cl. Winkler's[1] Apparat zur Methanbestimmung. Der vorstehend beschriebene Apparat ist aus dem Grisoumeter

---

[1] Cl. Winkler, Zeitschr. f. analyt. Chemie. 1889, 286.

hervorgegangen. In ähnlicher Weise, wie der Verfasser, haben auch A. Schondorff[1] und Wilh. Thörner[2] das Coquillion'sche Princip der Gasverbrennung unter Vermittelung von electrisch glühendem Platin zu verwerthen gesucht.

Anordnung. In eine Hempel'sche tubulirte Gaspipette sind (Fig. 76) von unten mittelst doppelt durchbohrten Kautschukstopfens zwei Electroden aus Messing von 175 mm Länge und 5 mm Dicke eingesetzt. Diese tragen am unteren Ende Oeffnungen zur Aufnahme der Leitungsdrähte, am oberen Ende sind sie mit Einschnitten versehen, in welche man mit Hilfe kleiner Schrauben die beiden Enden einer Platinspirale einklemmt; diese Spirale fertigt man, indem man Platindraht von 0,35 mm Stärke in etwa sechs Windungen über eine Stahlnadel von 1,3 mm Stärke wickelt, worauf die etwa centimeterlangen Enden in die erwähnten Schlitze eingesetzt und festgeschraubt werden. Vorher koppelt man die beiden Electroden durch einen bis etwa zur Mitte darüber geschobenen, doppelt durchbohrten Kork zusammen, der in der Abbildung nicht angegeben ist, und verhindert dadurch die sonst leicht eintretende Verschiebung derselben. Die Einführung der

Fig. 76.

Electroden in die Pipette erfolgt so weit, dass sie von der oberen Wölbung 2 bis 2,5 cm abstehen. Die Pipette selbst wird hierauf vollkommen mit Wasser gefüllt und während der Aufbewahrung in gewohnter Weise verschlossen gehalten.

Handhabung. Man bringt das von absorptiometrisch bestimmbaren Bestandtheilen und von Wasserstoff befreite Gas, in welchem nur noch Methan und Stickstoff enthalten sein können, in einer Hempel'schen Gasbürette zur Abmessung, fügt ein zu seiner Verbrennung sicher ausreichendes, ebenfalls zu messendes Volumen Luft zu, verbindet durch Einschaltung einer gewöhn-

[1] A. Schondorff, Briefl. Mitth. v. 25. März 1888.
[2] Wilh. Thörner, Ztschr. f. angew. Chemie. 1889, 642.

lichen Glascapillare die Bürette mit der Verbrennungspipette und schliesst den Strom. Nun lässt man, indem man die Niveauröhre der Gasbürette mit der linken Hand emporhebt und den einen Quetschhahn gänzlich, den anderen aber mit der rechten Hand nach Bedarf öffnet, das Gas langsam in die Pipette übertreten. Sowie dasselbe das in dieser enthaltene Wasser bis zur Blosslegung der Spirale verdrängt hat, geräth diese in helles Glühen und nun muss man einen Augenblick mit dem Zuführen des Gases innehalten und den Rest allmählich nachfüllen, damit sich die Verbrennung — was dann auch wirklich immer der Fall ist — ruhig und gefahrlos vollziehe. Lässt man dagegen das Gas sehr schnell zutreten oder füllt man es zuerst in die Pipette und schliesst dann erst den Strom, so kann es sich ereignen, dass eine Explosion eintritt, welche den Pfropfen sammt den Electroden nach unten, das Sperrwasser aus der seitlichen Kugel der Pipette nach oben herausschleudert.

Die Stärke des Platindrahtes und die Zahl seiner Windungen, also seine Länge, müssen der Stärke des Stromes angepasst sein. Die oben gemachten Angaben beziehen sich auf einen Strom, wie zwei kleine Grove'sche Elemente ihn liefern. Ist der Draht zu dünn, so schmilzt er ab, ist er zu dick, so wird er nicht heiss genug, doch lassen sich die richtigen Verhältnisse sehr leicht treffen.

Die Verbrennung selbst nimmt nur kurze Zeit in Anspruch und ist in einer Minute sicher beendet. Man unterbricht den Strom, lässt die im oberen Theile ziemlich heiss gewordene Pipette sich etwas abkühlen und füllt endlich das Gas in die Bürette zurück. Man hat es jetzt nur noch in der Kalipipette von Kohlensäure zu befreien und dann zur Messung zu bringen; durch Division der beobachteten Contraction mit 3 erfährt man das Volumen des vorhanden gewesenen Methans.

Anwendung:

Bestimmung des Methans im natürlichen Brenngas (Naturgas) der Erdöldistricte, im Bläsergas der Steinkohlengruben, im Sumpfgas, im Leuchtgas (Steinkohlengas, Cannelgas, Oelgas, Mischgas etc.) Generatorgas u. a. m. Man entfernt und bestimmt auf dem Wege der Absorption, soweit sie vorhanden sind, der Reihe nach Kohlensäure, schwere Kohlenwasserstoffe, Sauerstoff, Kohlenoxyd (S. 105), ermittelt hierauf unter Verwendung eines gemessenen Theiles des nicht-

absorbirbaren Gasrestes unter Zugabe des erforderlichen Luftvolumens den darin enthaltenen Wasserstoff durch Verbrennung
unter Vermittelung von Palladiumasbest (S. 144) und bedient sich
des nun übrig bleibenden Gases zur Bestimmung des darin enthaltenen Methans, indem man dasselbe innerhalb der Verbren-
nnngspipette in allmähliche Berührung mit der electrisch glühenden Platinspirale bringt und nach Absorption der gebildeten
Kohlensäure die eingetretene Volumenabnahme misst.

Der im Naturgas nicht selten auftretende Gehalt an anderen
Kohlenwasserstoffen der Reihe C_nH_{2n+2} (Aethan, Propan) möge
hier unberücksichtigt bleiben.

Beispiel:

Untersuchung von Naturgas.

Angewendetes Gasvolumen 99,8^{ccm}.

A. Bestimmung der absorbirbaren Bestandtheile.

Nach Absorption mit Kalilauge	97,5^{ccm},	
Volumenabnahme	2,3 »	= 2,30 Vol.-Proc. Kohlensäure,
Nach Absorption mit rauchender Schwefelsäure und Beseitigung des Säuredampfes in der Kali-pipette	97,2 »	
Volumenabnahme	0,3 »	= 0,30 Vol.-Proc. schwere Kohlenwasserstoffe,
Nach Absorption mit alkalischer Pyrogallussäure	96,4 »	
Volumenabnahme	0,8 »	= 0,80 Vol.-Proc. Sauerstoff,
Nach zweimaliger Absorption mit ammoniakalischen Kupferchlorür	96,4 »	
Volumenabnahme	0,0 »	= 0,00 Vol.-Proc. Kohlenoxyd,
Nichtabsorbirbarer Gasrest	96,4 »	

B. Bestimmung des Wasserstoffs.

Da im Naturgas das Methan vorzuwalten pflegt, so betrachtet man,
unbekümmert um einen etwa vorhandenen Wasserstoffgehalt, den nichtabsorbirbaren Gasrest ohne Weiteres als reines Methan, bringt nach Maass-
gabe des Bürettenraumes einen Theil desselben zur Abmessung und mischt
ihm soviel Luft zu, dass deren Sauerstoffgehalt zur Verbrennung des rein-
gedachten und deshalb mit Sicherheit auch zu derjenigen eines mehr oder
minder wasserstoffhaltigen Methans ausreichen würde.

Angewendetes nichtabsorbirbares
Gas (entsprechend 8,90^{ccm} vom
ursprünglichen Gasvolumen   8,6^{ccm},

Gas + Luft	99,1 ^{ccm},
Hiernach Luft	90,5 »
Darin Sauerstoff	18,1 »
» Stickstoff	72,4 »
Gasvolumen nach der Verbrennung unter Vermittelung von Palladiumasbest	96,1 »
Contraction (99,1 — 96,1 =)	3,0 »

entsprechend:

Wasserstoff (aus dem Gase)	2,0 »	= 22,47 Vol.-Proc. Wasserstoff,
Sauerstoff (aus der Luft)	1,0 »	
Gasrest	96,1 »	

C. Bestimmung des Methans.

Das durch Ueberführen über erhitzten Palladiumasbest von Wasserstoff befreite Gasgemenge lässt man nach Schliessung des Stromes in die Verbrennungspipette eintreten, füllt es nach erfolgter Verbrennung in die Gasbürette zurück und befreit es in der Kalipipette von der entstandenen Kohlensäure, worauf man die eingetretene Volumenverminderung misst und durch Division derselben mit 3 das Volumen des vorhanden gewesenen Methans ermittelt.

Angewendeter Gasrest (entsprechend 8,90 ^{ccm} vom ursprünglichen Gasvolumen, wie bei B)	96,1 ^{ccm},
Gasvolumen nach der Verbrennung unter Vermittelung von electrisch glühendem Platin	84,1 »
Contraction nach der Verbrennung (96,1 — 84,1 =)	12,0 »
Nach Absorption mit Kalilauge	78,1 »
Volumenabnahme	6,0 »
Contraction nach der Verbrennung und Absorption der entstandenen Kohlensäure (96,1 — 78,1 =)	18,0 »

entsprechend:

| Methan (aus dem Gase) | 6,0 » | = 67,41 Vol.-Proc. Methan, |
| Sauerstoff (aus der Luft) | 12,0 » | |

D. Bestimmung des Stickstoffs.

| Angewendetes nichtabsorbirbares Gas (entsprechend 8,90 ^{ccm} vom ursprünglichen Gasvolumen, wie bei B) | 8,6 ^{ccm}, |

Darin enthalten:

Wasserstoff	2,0 ccm,		
Methan	6,0 »		
	Zusammen	8,0 ccm,	
Verbleibt Rest		0,6 »	= 6,72 Vol.-Proc. Stickstoff.

Gefunden:

Kohlensäure	2,30	Vol.-Proc.	
Schwere Kohlenwasserstoffe	0,30	»	»
Sauerstoff	0,80	»	»
Wasserstoff	22,47	»	»
Methan	67,41	»	»
Stickstoff	6,72	»	»
	100,00.		

c. Cl. Winkler's Apparat zur Untersuchung methanhaltiger Grubenwetter.

Nicht die chemische Untersuchung von Schlagwettergemischen mit einem bis zur Entzündbarkeit und Explosibilität gesteigerten Methangehalte ist es, deren, wie vielfach angenommen wird, der Steinkohlenbergmann zur Abwehr drohender Gefahr bedarf; sein Absehen muss vielmehr darauf gerichtet sein, der Aufhäufung brennbaren Gases vorzubeugen, noch bevor der Methangehalt der Grubenwetter die untere Explosionsgrenze erreicht hat. Zu dem Ende gilt es, durch die Bestimmung des Methangehaltes sowohl in einzelnen Theilströmen, wie auch im ausziehenden Hauptwetterstrom, die durchschnittliche Beschaffenheit der Grubenwetter im Zusammenhange mit den Veränderungen, welche Erschliessung und Abbau der Kohlenflötze mit sich bringen, fortlaufend festzustellen. In allen diesen Fällen handelt es sich aber um die Ermittelung verhältnissmässig kleiner Beträge von Methan, wie sie sich auf gewöhnlichem gasvolumetrischen Wege, also z. B. durch Ablesung an einer Gasbürette, mit Genauigkeit gar nicht ermöglichen lässt. Dagegen führt das nachbeschriebene Verfahren bequem und einfach zum Ziele. Es beruht auf der Verbrennung des in einem grösseren Volumen der Grubenwetter enthaltenen Methans unter Vermittelung electrisch glühenden Platins und der darauffolgenden titrimetrischen Bestimmung der entstandenen Kohlensäure. Die Zuverlässigkeit dieses Verfahrens ist von Herrn Dr. P. Mann im Laboratorium der hiesigen Bergakademie durch besondere Versuche festgestellt worden; eine zweite Versuchsreihe hat ergeben, dass der Inductionsfunkenstrom selbst bei beträcht-

licher Funkenlänge das electrisch glühende Platin nur ganz ungenügend zu ersetzen vermag.

Anordnung. Zur Vornahme sämmtlicher hier in Betracht
kommenden Operationen, der Gasmessung sowohl, wie der Verbrennung und Titrirung, dient ein und dasselbe Gefäss, die in

Fig. 77.

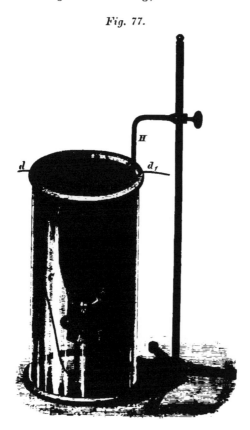

Fig. 77 abgebildete
conische Flasche *A*,
welcher nur während
der Verbrennung die
aus der Zeichnung er-
sichtliche verkehrte
Stellung gegeben wird.
Gleich den früher
(S. 106) beschriebenen
derartigen Messge-
fässen trägt diese
Flasche im Halse eine
kreisrunde Marke, bis
zu welcher der sie
verschliessende Kaut-
schukstopfen einge-
schoben wird; der
Flascheninhalt ist ein-
für allemal gemessen
und durch Einätzung
auf die äussere Glas-
wandung verzeichnet,
er kann, je nachdem
ein grösserer oder ge-
ringerer Methangehalt
zu erwarten steht, 0,5
bis 2 l. betragen.

Um gedachte Flasche zum Verbrennungsapparat umzuge-
stalten, versieht man sie mit dem Kautschukstopfen *k*, in dessen
Durchbohrungen zwei mit Klemmschrauben *s* und s_1 versehene,
tief in's Innere der Flasche reichende Messingstäbe *e* und e_1
von 5 ᵐᵐ Dicke eingesetzt sind. Die Enden dieser als Electroden
dienenden Stäbe verbindet man durch den 0,35 ᵐᵐ starken, mehrfach gewundenen Platindraht *p*, der sich durch Schliessung des
mittelst der Drähte *d* und d_1 zugeführten Stromes in helles electrisches Glühen versetzen lässt. Um während der Dauer der

Verbrennung die Berührung des Gases mit organischer Substanz unmöglich zu machen, bringt man vor Beginn derselben in die Flasche wenig Wasser, welches dann beim Umkehren dieser die den Kautschukstopfen bedeckende Schicht w bildet. Das Volumen dieses Wassers wird gemessen, ebenso muss der Raum bekannt sein, welchen die Electroden e und e_1 beanspruchen, damit man das durch beide verdrängte Gas vom Gasinhalt der Flasche in Abzug bringen kann. Damit die Flasche A während der Operation der Gasverbrennung sich nicht erhitze, wird sie in den mit Wasser von Zimmertemperatur gefüllten Glascylinder C eingesenkt und durch den an einem Eisenstativ befindlichen Halter H am Aufsteigen gehindert.

Handhabung. Man füllt die Flasche A mit destillirtem Wasser, transportirt sie in die Grube und lässt ihren Inhalt an der Stelle, an welcher die Gasprobe genommen werden soll, ausfliessen. Dann setzt man den zugehörigen, mit Glasstabverschlüssen versehenen Kautschukstopfen auf und bringt die Flasche in das meist über Tage befindliche Untersuchungslokal. Hier öffnet man sie unter Wasser von Zimmertemperatur und ersetzt ihren Stopfen durch den in der Abbildung angegebenen, die Electroden e und e_1 tragenden Kautschukstopfen. Letzterer besitzt seitlich noch eine dritte, mit Glasstab verschlossene Durchbohrung und diese dient dazu, mit Hilfe einer Pipette ein bekanntes, beispielsweise 10^{ccm} betragendes Volumen Wasser, die Sperrflüssigkeit w, einfliessen zu lassen.

So vorgerichtet wird die Flasche in verkehrter Stellung unter den Wasserspiegel des Glascylinders C gesenkt. Man schliesst darauf den Strom und versetzt auf diese Weise die Platinspirale p in helles Glühen, welches man längere Zeit, bis zu einer halben Stunde, andauern lässt, um die Verbrennung des Methans durch den stets in genügendem Ueberschuss vorhandenen Sauerstoff mit Sicherheit herbeizuführen. Sodann unterbricht man den Strom, vertauscht, wiederum unter Wasser, den die Electroden tragenden Verschlusspfropfen gegen den früheren und nimmt die Titrirung der entstandenen Kohlensäure in der S. 108 beschriebenen Weise vor, wobei das Einfliessenlassen des Barytwassers aus der Bürette in der Regel kein Lüften des Pfropfenverschlusses nöthig macht. Das zur Untersuchung verwendete Gasvolumen muss auf den Normalzustand reducirt werden.

Anwendung:

Bestimmung des Methans in den Wetterströmen der Steinkohlenbergwerke und in anderen relativ methan-

armen, nicht entflammbaren Gasgemischen. Verfahren,
wie vorstehend beschrieben. Die Bestimmung setzt die Abwesenheit von schweren Kohlenwasserstoffen und von Kohlenoxyd
voraus. Die selten fehlende Kohlensäure wird in einer besonderen Gasprobe nach der Methode von W. Hesse (S. 108) titrimetrisch bestimmt und von der durch die Verbrennung des Methans entstandenen Kohlensäure in Abzug gebracht.

Beispiel:

**Untersuchung einer dem Querschlage einer Steinkohlengrube
entnommenen Wetterprobe.**

Stand des Correctionsapparates (S. 29) 112,8 ccm.

A. Bestimmung der Kohlensäure.

Titer der Oxalsäure normal;   1 ccm = 1 ccm Kohlensäure,
Titer des Barytwassers empirisch;   1 » = 1,03 ccm Normal-Oxalsäure,
                                        = 1,03 » Kohlensäure.

Inhalt der Absorptionsflasche   622 »
Angewendetes Barytwasser   10 »
     demnach:
Zur Untersuchung verwendetes Gas   612 »
d. i. corrigirt   542 »
10 ccm Barytwasser erfordern   10,3 » Oxalsäure à 1 ccm Kohlensäure.
Beim Rücktitriren verbraucht   8,5 »   »   » 1 »   »
                   Differenz   1,8 »   »   = 0,33 Vol.-Proc.
                                                      Kohlensäure.

B. Bestimmung des Methans.

Inhalt der Absorptionsflasche   1052 ccm
Sperrwasser   10 ccm
Inhalt der Electroden   8 »
                   Zusammen   18 »
     Demnach:
Zur Untersuchung verwendetes Gas   1034 »
d. i. corrigirt   916 »
Angewendetes Barytwasser   20 »
20 ccm Barytwasser erfordern   20,6 » Normal-Oxalsäure à 1 ccm Kohlen-
                                                      säure.
Beim Rücktitriren verbraucht   7,4 »   »   »   » 1 »   »
                   Differenz   13,2 » »   »   = 1,44 Vol.-Proc.
                                                      Kohlensäure.
        Hiervon ab unter A gefunden 0,33 Vol.-Proc.
                                                      Kohlensäure.
                   Verbleiben   1,11 Vol.-Proc.
                                                      Methan.

Gefunden: 0,33 Vol.-Proc. Kohlensäure.
           1,11 »   » Methan.

d. H. Drehschmidt's Platincapillare.

Die Verbrennung des Methans unter Vermittelung electrisch glühenden Platins gewährt der Explosionsmethode gegenüber den Vortheil, dass sie sich bei Methangehalten von jedem beliebigen Betrage in Anwendung bringen lässt, auch ohne dass sich ein Zusatz von Wasserstoff nöthig machte. Namentlich bei der Bestimmung kleiner Methanmengen in Grubenwettern wird sie sich bewähren, zumal gegenwärtig die meisten grösseren Steinkohlenwerke den dazu erforderlichen electrischen Strom ihren Beleuchtungsanlagen entnehmen können, im Uebrigen aber die Verbrennung sich auch innerhalb grosser Gasvolumina selbstthätig vollzieht und weder einer Beihilfe noch der Ueberwachung bedarf.

Hat man dagegen keinen Strom zur stetigen Verfügung, ist man vielmehr genöthigt, den die Verbrennung vermittelnden Platindraht mit Hilfe einer galvanischen Batterie in's Glühen zu bringen, so verliert, selbst bei Anwendung einer Tauchbatterie. die in Rede stehende Methode der Gasverbrennung ganz bedeutend an praktischem Werthe, denn von einer Vereinfachung des Hilfsapparates, gegenüber dem für die Explosionsmethode erforderlichen, kann dann kaum noch die Rede sein.

Deshalb muss es als ein wesentlicher und wichtiger Fortschritt bezeichnet werden, dass es H. Drehschmidt[1] in Verfolgung eines bereits früher von M. H. Orsat[2] ausgesprochenen Gedankens gelungen ist, die Verbrennung von mit Luft, ja selbst mit reinem Sauerstoff gemischtem Methan innerhalb eines von aussen mittelst Flamme erhitzten Capillarrohres aus Platin gefahr- und verlustlos herbeizuführen. Damit ist die zumeist umständliche und unbequeme Anwendung des electrischen Stromes zu Zwecken der Gasanalyse überhaupt entbehrlich gemacht und dem Verbrennungsverfahren wirklich praktische Gestaltung gegeben worden. Die Möglichkeit aber, dem Gase den zur Verbrennung erforderlichen Sauerstoff nicht in Gestalt von Luft, sondern in reinem Zustande beizumischen, gewährt den weiteren Vortheil, dass sie die bisherige weitgehende Verdünnung des Gases durch atmosphärisen Stickstoff ausschliesst und die Verwendung eines grösseren Gasvolumens, damit aber auch ein genaueres Arbeiten gestattet.

---

[1] H. Drehschmidt, Berichte d. deutsch. chem. Ges. XXI, 3245.

[2] M. H. Orsat, Note sur l'analyse industrielle des gaz, Paris 1877.

Der zur Verwendung kommende Sauerstoff braucht nicht
absolut rein, insbesondere nicht stickstofffrei, zu sein; es genügt,
ihn nach einer der üblichen Methoden, z. B. durch Erhitzen von
chlorsaurem Kalium, darzustellen und ihn nach sorgfältigem
Waschen in einem Glasgasometer zur Aufbewahrung zu bringen.

Anordnung. Das von H. Drehschmidt angewendete
Capillarrohr aus Platin besitzt 200 mm Länge, 2 mm Dicke, 0,7 mm
lichte Weite und ist an beiden Enden mit angelötheten Schlauch-
stücken von Messing versehen. Der Hohlraum der Capillare wird,
um Explosionen zu verhüten, seiner ganzen Länge nach durch
das Einschieben von drei bis vier dünnen Platindrähten aus-
gefüllt.

Die erwähnte beträchtliche Länge musste dem Platinrohr
gegeben werden, weil anderenfalls seine Enden zu heiss wurden.
Dies hat mich veranlasst, die Rohrenden mit Wasserkühlung zu
versehen und diese kleine Abänderung hat sich bis jetzt recht gut

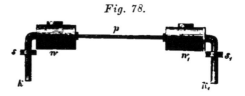

Fig. 78.

bewährt. Das eigentliche Platinrohr p (Fig. 78), welches nicht
durch Löthung hergestellt sein darf, sondern gebohrt oder ge-
zogen werden muss, hat nun bei 2,5 bis 3 mm Dicke und 0,7 mm
lichter Weite nur noch 100 mm Länge und ist ebenfalls mit mehreren dünnen Platindrähten ziemlich dicht, aber doch noch immer
lose genug gefüllt, um einem durchpassirenden Gasstrom den
Durchgang ohne merklichen Widerstand zu gestatten. An seine
Enden sind die kupfernen Knierohre k und k_1 angelöthet,
deren äusserer Durchmesser 5 mm beträgt und deren 1 bis 2 mm
weite Bohrung im horizontalen Theile ebenfalls mit dünnem Platin-
oder wohl auch Kupferdraht gefüllt ist. Dieselben sind umschlossen
von den aus Kupfer- oder Messingblech hergestelltem, oben tubulirten Hohlgefässen w und w_1, deren Länge 50 mm und
deren Durchmesser 25 mm beträgt. und welche zur Aufnahme des
Kühlwassers dienen. Um dem Rohre bei seiner Benutzung eine
Stütze zu geben und es dadurch vor Verbiegung und sonstiger
Beschädigung zu bewahren, kann man sich einer an einem Stativ
verschiebbaren Gabelklammer bedienen, in deren Oesen es mit-

telst der angelötheten kleinen Scheiben s und s_1 aufsitzt. Die
Erhitzung der Platincapillare bewirkt man mit Hilfe eines zweckmässig construirten, mit Luftregulirung und fächerförmigem Aufsatz versehenen Gasbrenners.[1]

Bevor man ein derartiges Rohr in Benutzung nehmen kann,
muss man es auf Dichtheit prüfen. Das kann in der Weise geschehen, dass man das eine Ende desselben unter Einschaltung
eines Quetschhahnes mit der Wasserluftpumpe, das andere mit
einer in Quecksilber tauchenden Glasröhre verbindet. Man saugt
hierauf das Quecksilber ein Stück in der Röhre empor und

Fig. 79.

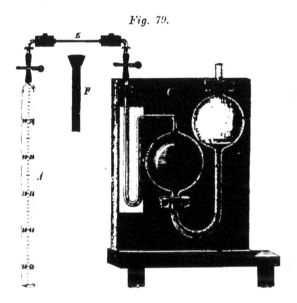

schliesst den Quetschhahn; der Quecksilberstand muss sich dann
sowohl bei gewöhnlicher Temperatur, wie auch nach vorgenommener Erhitzung der Platincapillare bis zum Glühen, dauernd
auf der ursprünglichen Höhe erhalten.

Handhabung. Man bringt das von absorptiometrisch bestimmbaren Bestandtheilen und von Wasserstoff befreite Gas, in
welchem nur noch Methan und Stickstoff, sowie die Restbestandtheile der zur Wasserstoffverbrennung erforderlich gewesenen
Luft enthalten sein können, in die Gasbürette A (Fig. 79), setzt

---

[1] Bezugsquelle für Platinrohr und Brenner: Dr. Rob. Muencke, Berlin
N. W., Luisenstrasse 58.

ihm ein ausreichendes Volumen Sauerstoff zu, verbindet durch
Einschaltung der Platincapillare *E* die Bürette mit der mit
Wasser gefüllten Gaspipette *C*, erhitzt die Capillare durch den
Brenner *F* zum hellen Rothglühen und führt, indem man den
einen Quetschhahn gänzlich öffnet, den anderen aber mit der
rechten Hand regulirt, das Gas in mässig raschem Strome in die
Pipette über und wieder in die Bürette zurück. Nach einmaliger,
höchstens zweimaliger Wiederholung dieser Operation ist die Verbrennung beendet. Man überlässt das Platinrohr der Abkühlung,
ermittelt die eingetretene Contraction und entfernt die entstandene
Kohlensäure in der Kalipipette, worauf man die Messung wiederholt. Durch Division der Gesammtcontraction mit 3 erhält man
das Volumen des vorhanden gewesenen Methans.

Anwendung:

1) Bestimmung des Methans im natürlichen Brenngas (Naturgas) der Erdöldistricte, im Bläsergas der
Steinkohlenbergwerke, im Sumpfgas, im Leuchtgas
(Steinkohlengas, Cannelgas, Oelgas, Mischgasetc.), im Generatorgas u. a. m.

Man entfernt und bestimmt auf dem Wege der Absorption,
soweit sie vorhanden sind, der Reihe nach Kohlensäure, schwere
Kohlenwasserstoffe, Sauerstoff, Kohlenoxyd (S. 105), bewirkt hie-
auf unter gänzlicher oder theilweiser Verwendung des verbliebenen
nichtabsorbirbaren Gasrestes die Verbrennung des vorhandenen
Wasserstoffs bei Gegenwart von Palladiumasbest (S. 144), fügt
dem nun verbliebenen Gase eine mehr als ausreichende Menge
Sauerstoff zu und bestimmt seinen Methangehalt durch Verbrennung in der starkglühenden Platincapillare. Bei der Untersuchung sehr stickstoffreicher Gase empfiehlt es sich, zur Vermeidung unnützer Verdünnung auch die Verbrennung des
Wasserstoffs unter Zusatz von Sauerstoff, statt von Luft vorzunehmen.

Beispiel.

Untersuchung von Generatorgas.

Angewendetes Gasvolumen 99,7 ccm.

A. Bestimmung der absorbirbaren Bestandtheile.

Nach Absorption mit Kalilauge   93,8 ccm,
            Volumenabnahme   5,9 „   = 5,92 Vol.-Proc. Kohlensäure,

Nach Absorption mit rauchender
Schwefelsäure und Beseitigung
des Säuredampfes in der Kalipipette   93,7 ^{ccm}
      Volumenabnahme   0,1 » = 0,10 Vol.-Proc. schwere
                                            Kohlenwasserstoffe,

Nach Absorption mit alkalischer
Pyrogallussäure   93,7 »
      Volumenabnahme   0,0 » = 0,00 Vol.-Proc. Sauerstoff,

Nach zweimaliger Absorption mit
ammoniakalischemKupferchlorür 71,5 »
      Volumenabnahme 22,2 » = 22,27 Vol.-Proc. Kohlenoxyd,
Nichtabsorbirbarer Gasrest   71,5 »

B. Bestimmung des Wasserstoffs.

Generatorgase pflegen, da sie sehr reich an Stickstoff sind, höchstens
10 Vol.-Proc. Wasserstoff und 5 Vol.-Proc. Methan zu enthalten, so dass
also in dem bei A verbliebenen nichtabsorbirbaren Gasreste im Maximum
10 ^{ccm} Wasserstoff und 5 ^{ccm} Methan enthalten sein können, die 5, beziehentlich 10, zusammen 15 ^{ccm} Sauerstoff erfordern würden. Im Hinblick auf den
hohen Stickstoffgehalt des Gases empfiehlt es sich, den zur Verbrennung
beider Gasbestandtheile erforderlichen Sauerstoff in reinem Zustande, und
nicht in Gestalt von Luft, zuzusetzen, wodurch man nebenher den Vortheil
erreicht, gleich den gesammten in der Bürette verbliebenen Gasrest erst zur
Wasserstoff- und dann zur Methanbestimmung verwenden zu können.

Nichtabsorbirbarer Gasrest (A)   71,5 ^{ccm},
Gas und Sauerstoff   94,8 »
Hiernach Sauerstoff   23,3 »
Gasvolumen nach der Verbrennung
    unter Vermittelung von Palladium-
    asbest   84,0 »
Contraction (94,8 — 84,0 =)   10,8 »
         entsprechend:
Wasserstoff (aus dem Gase)   7,2 » = 7,22 Vol.-Proc. Wasserstoff,
Sauerstoff   3,6 »
Gasrest   84,0 »

C. Bestimmung des Methans.

Da das verbliebene Gas eine zur Verbrennung seines Methangehaltes
mehr als ausreichende Menge Sauerstoff enthält, so kann es ohne Weiteres
der Verbrennung in der Platincapillare unterworfen werden.

Verbliebener Gasrest (B)   84,0 ^{ccm}
Gasvolumen nach der Verbrennung
    in der Platincapillare   78,2 »
Contraction nach der Verbrennung
    (84,0 — 78,2 =)   5,8 »
Nach Absorption mit Kalilauge   75,3 »
      Volumenabnahme   2,9 »

Contraction nach der Verbrennung
und Absorption der entstandenen
Kohlensäure (84,0 — 75,3 =)   8,7 ccm
entsprechend:
Methan (aus dem Gase)   2,9 »   = 2,91 Vol. Proc. Methan,
Sauerstoff   5,8 »

D. Bestimmung des Stickstoffs.

Nichtabsorbirbarer Gasrest (A)   71,5 ccm
darin enthalten:
Wasserstoff   7,2 ccm
Methan   2,9 »
zusammen   10,1 »
Verbleibt Rest   61,4 »   = 61,58 Vol.-Proc. Stickstoff.

Gefunden:

Kohlensäure	5,92 Vol.-Proc.	
Schwere Kohlenwasserstoffe	0,10 »	»
Kohlenoxyd	22,27 »	»
Wasserstoff	7,22 »	»
Methan	2,91 »	»
Stickstoff	61,58 »	»
	100,00 »	»

2) Bestimmung des Stickoxyduls durch Verbrennung
mit Wasserstoff. Führt man ein Gemenge von Stickoxydul
und überschüssigem Wasserstoff durch ein glühendes Rohr, welches
in diesem Falle nur mässig stark erhitzt zu sein braucht, so erfolgt eine Umsetzung nach der Gleichung:

$$N_2O = 2H = 2N + H_2O$$

das ist:

2 Vol. N_2O + 2 Vol. H = 2 Vol. N + 2 Vol. Wasserdampf, letzterer
übergehend in
0 Vol. flüssiges Wasser.

Es liefern also:

4 Vol. Gas (2 Vol. N_2O + 2 Vol. H) = 2 Vol. N

und es beträgt die eintretende Contraction C

$$C = 4—2 = 2 \text{ Vol.}$$

Mithin ist der Betrag der beobachteten Contraction gleich dem
Volumen des vorhanden gewesenen Stickoxyduls.

Man würde auf dieses Verhalten eine Methode der Bestimmung des Stickoxyduls in solchen Gasgemengen gründen

können, welche ausser dem genannten Gase keine andern auf
Wasserstoff chemisch einwirkenden Gasbestandtheile, wie z. B.
Sauerstoff, Stickoxyd u. a., enthalten. In solchem Falle hätte
man dem zu untersuchenden Gase mindestens sein gleiches
Volumen reinen, luftfreien Wasserstoffs zuzusetzen, das Gemenge
durch eine mässig stark erhitzte Platincapillare zu führen und
die eingetretene Contraction zu ermitteln. Anwendung hat dieses
Verfahren bisher nicht gefunden.

D. Verbrennung unter Vermittelung von erhitztem Kupferoxyd.

Die Bestimmung von brennbaren Gasen durch Ueberführung
derselben in wägbare Verbindungen auf dem Wege der Verbrennung mittelst Luft und Kupferoxyd ist zu einer Zeit, wo es
an einfachen gasanalytischen Methoden noch mangelte, in aus-
gezeichneter Weise von R. Fresenius[1] durchgeführt worden.

Auch heute noch kann diese Art der Gasverbrennung mit
Vortheil Verwendung finden, wenigstens ihrem Princip nach, ja
sie ist von unschätzbarem Werthe in solchen Fällen, wo es sich
um die Ermittelung minimaler Gehalte an brennbarem
Gas handelt. Mit bestem Erfolge habe ich mich derselben bedient, um den Methangehalt der Grubenwetter in titrimetrisch
bestimmbare Kohlensäure überzuführen, und die so entstandene
Untersuchungsmethode[2] erfreut sich seit Jahren der allgemeinsten
Anwendung in Schlagwetter-Laboratorien. Gleich dem Methan
lässt sich aber auch jeder andere gasförmige Kohlenwasserstoff,
lassen sich Kohlenoxyd, Kohlenoxysulfid u. a. m. durch Verbrennung mit Luft und Kupferoxyd in absorbirbare Kohlensäure überführen und als solche bestimmen.

Ein besonderer Vortheil der Methode besteht darin, dass die
Verbrennung mit grosser Sicherheit verläuft, man sie deshalb auf
unbeschränkt grosse Gasvolumina anwenden und dementsprechend
unbeschränkt kleine Gehalte an brennbarem Gase mit ihrer Hilfe
bestimmen kann. Die Einrichtung und Handhabung des hierbei
benutzten, bis jetzt nur für die Methanbestimmung verwendeten,
aber bei dieser auch durchaus erprobten Apparates ergiebt sich

---

[1] R. Fresenius, Zeitschr. f. analyt. Chemie 1864, 339.

[2] Cl. Winkler, die chemische Untersuchung der bei verschiedenen
Steinkohlengruben Sachsens ausziehenden Wetterströme und ihre Ergeb-
nisse. Jahrbuch für das Berg- und Hüttenwesen im Königreiche Sachsen,
Freiberg 1882.

am besten aus der nachfolgenden Beschreibung einer Gruben-
wetter-Untersuchung.

Anordnung. Die Gasprobe befindet sich in dem Trans-
portcylinder *A* (Fig. 80) und kann durch Wasserzufluss aus
dem Wasserbehälter *B* daraus verdrängt und dem Verbrennungsapparate zugeführt werden. Das Gas tritt auf seinem
Wege zunächst in die Absorptionsschlange *K*, welche andererseits durch ein T-Rohr mit der Luftleitung *L* oder mit einem

Fig. 80.

Luftgasometer in Verbindung gesetzt werden kann. Dieselbe ist
mit Kalilauge von 30° B. gefüllt und dient zur Rückhaltung
jeder Spur von Kohlensäure. Von da ab passirt das Gas die
mit concentrirter Schwefelsäure beschickte Trockenflasche *S*
und tritt aus dieser in das eine 25^{cm} lange Schicht gekörnten
Kupferoxyds enthaltende Verbrennungsrohr *V* ein, welches
in einem mit Thonkacheln versehenen Eisengestell ruht und durch
einen Vierbrenner mit gleichzeitiger Gas- und Luftregulirung zum
Rothglühen erhitzt werden kann. Um den verwendeten Ver-

brenungsröhren möglichste Dauerhaftigkeit zu geben, versieht man sie mit einem festhaftenden feuerfesten Ueberzug, indem man ein Gemenge von 3 Thln. feingemahlener Chamotte und 1 Thl. rohem Thon mit käuflicher Wasserglaslösung, die man vorher mit ihrem vierfachen Volumen Wasser verdünnt hatte, zum Schlicker anrührt und diesen mit Hilfe eines Pinsels auf den zu schützenden unteren Theil der Röhre aufträgt. Nach dem Trocknen in gelinder Wärme giebt man einen zweiten und dann noch einen dritten Anstrich, worauf der Ueberzug die gewünschte Stärke zu haben pflegt. Derselbe bildet einen vorzüglichen Schutz für Verbrennungsröhren jeder Art und wenn man diese mit der nöthigen Vorsicht anwärmt und abkühlt, ist es gar nicht selten, dass sie zwanzig und mehr Verbrennungen aushalten.

Nach Passirung des Verbrennungsrohres gelangt das Gas in die Absorptionsgefässe W und W_1, in denen die entstandene Kohlensäure zurückgehalten wird, und tritt endlich in den Aspirator M über, auf welchen ein Quecksilbermanometer durch Verschraubung dicht aufgesetzt ist und unter dessen Ausflussspitze der zur Messung des ausgeflossenen Wassers dienende Literkolben O gestellt wird.

Handhabung. Man nimmt die Gasprobe in der Grube, indem man die 10 l betragende Wasserfüllung des Blechcylinders A an geeigneter Stelle zum Ausfluss bringt, sodann beide Oeffnungen des Sammelgefässes durch Kautschukstopfen verschliesst und diese mit Bindfaden oder Draht festbindet. Im Laboratorium hat man dann diese Verschlusspfropfen durch einfach durbohrte Kautschukstopfen zu ersetzen, welche in ihrer Durchbohrung ein rechtwinkelig gebogenes Glasrohr mit Quetschhahnverschluss tragen. Man nimmt diesen Wechsel auf die Weise vor, das man erst das eine, dann das andere Ende des Cylinders in Wasser taucht und unter dessen Spiegel den Vollpfropfen durch den durchbohrten Stopfen ersetzt. Da das Sammelgefäss meist in grösserer Teufe, also bei erhöhtem atmosphärischem Druck, gefüllt worden war, so entweicht beim Oeffnen desselben ein Theil des Gases unter Aufpoltern durch das Wasser, ein Zeichen dafür, dass der Verschluss dicht gehalten hatte.

So vorgerichtet wird nun der Blechcylinder A in sein Stativ eingehangen, worauf man an den Quetschhahn p den Schlauch s_1 ansteckt, p_1 aber mit dem Abflussrohr des Gefässes B verbindet, nachdem man es mit Wasser gefüllt hatte. Die Quetschhähne p und p_1 können nun dauernd geöffnet und zu diesem

Zwecke über die Glasrohrverbindungen geschoben werden. Die Ableitung des Gases und die Regulirung des Gasstromes erfolgt einzig durch den Schraubenquetschhahn s_1.

Bevor man die Gasverbrennung vornehmen kann, muss, während die Kupferoxydfüllung des Verbrennungsrohrs V zum Glühen erhitzt wird, der ganze Apparat mit reiner, kohlensäurefreier Luft gefüllt und, wenn dies geschehen, jede der Vorlagen W und W_1 unter Zugabe von wenig Phenolphtaleïn mit 25^{ccm} annähernd normalem Barytwasser beschickt werden. Die hierzu erforderliche und ebenso die zur Nachoperation des „Auswaschens" dienende Luft muss dem Freien entnommen werden, weil Laboratoriumsluft stets etwas Leuchtgas enthält, dessen Vorhandensein sich sofort durch Trübung des vorgelegten Barytwassers verrathen und die Richtigkeit des Ergebnisses beeinträchtigen würde. Man führt diese in einem Gasometer befindliche Luft durch den Hahn der Luftleitung L zu. Wenn hierauf die Vorlagen beschickt und wieder angesetzt worden sind, sperrt man L oder den reguliren den Schraubenquetschhahn s ab und schreitet zur Verbrennung.

Zunächst öffnet man, um den bei der späteren Messung obwaltenden Druck im Apparat herzustellen, den Quetschhahn s_1 vorsichtig eben soweit, dass die Flüssigkeit in den Kugeln der Vorlagen W und W_1 emporsteigt und wohl auch eine einzelne Gasblase zum Austritt gelangt. Dann setzt man den Aspirator M an und öffnet dessen Ausflusshahn etwas, bis sich ein mässiger Unterdruck am Manometer bemerkbar macht. Diesen Unterdruck erhält man während der ganzen Dauer der Verbrennung, gleichzeitig den Zufluss des der Verbrennung unterliegenden Gases durch den Quetschhahn s_1 so regelnd, dass etwa 200 Blasen in der Minute die Waschflasche S passiren und der Literkolben sich halbstündig einmal füllt. Das ausgeflossene Wasser giesst man, während der Aspiratorhahn vorübergehend geschlossen wird, in das Gefäss B, bringt den leeren Kolben sogleich an seinen Platz zurück und versäumt nicht, jede Literfüllung zu notiren.

Einmal in Gang gesetzt, bedarf der Versuch nur geringer Ueberwachung. Hier und da schüttelt man den Inhalt der Absorptionsgefässe einmal um und benutzt ausserdem die Zwischenzeit dazu, Barometer- und Thermometerstand zu beobachten, oder den Stand des Correctionsapparates abzulesen, sowie den Titer des Barytwassers mit Hilfe von Normal-Oxalsäure festzustellen. Man arbeitet durchweg mit Schwimmer-Bürette, wie denn überhaupt alle Messungen mit grosser Sorgfalt vorgenommen werden müssen.

Nach einiger Zeit beginnt das in dem Gefässe W enthaltene Barytwasser sich zu trüben und nach und nach sammelt sich darin ein deutlicher Niederschlag an, während der Inhalt von W' höchstens eine schwache Trübung annehmen soll. Nach der Menge des abgeschiedenen kohlensauren Bariums richtet sich das Volumen des zur Verbrennung zu verwendenden Gases; von den 10 l, welche der Cylinder A enthält, wird man gewöhnlich 3 bis 4, selten mehr als 6 l verbrauchen. Wenn der Versuch beendet werden soll, lässt man den Kolben O noch ein letztes Mal bis zur Marke voll laufen, schliesst dann den Hahn des Aspirators ab und setzt das Zuleiten des Gases noch solange fort, bis das Manometer Gleichgewichtszustand zeigt. Dann wird auch der Quetschhahn s, sogleich geschlossen und das Volumen des durch den Apparat gegangenen Gases entspricht nun genau dem Volumen des abgeflossenen Wassers.

Es folgt nun noch die Nachoperation des Auswaschens. Man öffnet den Hahn des Aspirators aufs Neue und saugt durch den Schraubenquetschhahn s solange Luft durch den Apparat, bis der in den Gefässen K und S noch verbliebene Gasrest verdrängt ist. Nach Abfluss von höchstens 2 l Wasser ist dies sicher geschehen, der Apparat aber gleich für eine zweite Verbrennung vorbereitet. Zuletzt titrirt man den Inhalt der Absorptionsgefässe W und W' mit Normal-Oxalsäure und erfährt aus der eingetretenen Verminderung des Wirkungswerthes des Barytwassers unmittelbar das Volumen der entstandenen Kohlensäure und das diesem gleiche Volumen des vorhanden gewesenen Methans in Cubikcentimetern.

Die Rechnung ist folgende:

Wenn

$n = $ dem Volumen des gefundenen Methans,

$m = $ dem Volumen des aspirirten Gases (ausgeflossenen Wassers) im corrigirten Zustande,

$n + m = $ dem Volumen des zur Untersuchung verwendeten Gases,

so beträgt der Methangehalt $\dfrac{100 \cdot n}{n + m}$ Vol.-Proc.

Anwendung:

Bestimmung des Methans in den ausziehenden Wetterströmen (Ausziehströmen) der Steinkohlenbergwerke und in anderen methanarmen Grubenwettern oder sonstigen Gasgemischen; Bestimmung sämmtlicher flüchtiger, zu Kohlensäure verbrennbarer Kohlenstoffverbindungen, wie sie sich in Gestalt von Kohlenoxyd, Kohlenwasserstoffen, Leuchtgas, brenzlichen Producten, Benzindampf, Schwefelkohlenstoffdampf, Kohlenoxysulfid u. a. m. in untergeordneter Menge der Luft von Wohn- und Fabrikräumen, Heizungs-, Trocken-, Darr-, Extractionsanlagen u. dgl. beigesellen können.

Die Methode giebt bei sorgfältiger Ausführung sehr genaue Resultate und gestattet die Bestimmung der geringsten Mengen flüchtiger, unter Bildung von Kohlensäure verbrennbarer Verbindungen.

Beispiel:

Untersuchung des ausziehenden Wetterstromes einer schlagwetterführenden Steinkohlengrube.

Barometerstand (B.) 726 ^{mm},
Thermometerstand (t) 23°,
Titer der Oxalsäure normal;   1 ^{ccm} = 1 ^{ccm} Kohlensäure,
                              1 » = 1 » Methan.
Titer des Barytwassers empirisch;   1 » = 0,97 ^{ccm} Normal-Oxalsäure,
Ausgeflossenes Wasser 4 l

entsprechend:

Angewendetem Gas, corrigirt (m) 3422 ^{ccm},
Angewendetes Barytwasser:
　　Vorlage 1　25,0 ^{ccm}
　　　　》　　2　25,0 »
　　　　　　　50,0 ^{ccm} = 48,5 ^{ccm} Normal-Oxalsäure.

Beim Rücktitriren verbrauchte Normal-Oxalsäure:

　　Vorlage 1　17,9 ^{ccm}
　　　　》　　2　24,0 »
　　　　　　　41,9 ^{ccm} = 41,9 ^{ccm} Normal-Oxalsäure,
　　　　Differenz (n) 6,6 ^{ccm}

Gefunden:

$$\frac{100 \cdot n}{n + m} = \frac{100 \cdot 6,6}{6,6 + 3422} = 0,19 \text{ Vol.-Proc. Methan.}$$

Es ist selbstverständlich, dass sich je nach dem Zwecke, den man anstrebt, Abänderung des vorgeschriebenen Verfahrens nach der einen oder der anderen Richtung hin nöthig machen kann. So bleibt es z. B. unbenommen, die der Untersuchung zu unterwerfenden Grubenwetter, wie es in Oesterreich geschieht [1], vor der Verbrennung in einer Glasflasche zur Abmessung zu bringen oder aber in solchen Fällen, wo ein Transport der Gasprobe gar nicht nöthig ist, das gasförmige Untersuchungsobject vielmehr von der Entnahmestelle dem Verbrennungsapparate unmittelbar zugeführt werden kann, dessen Messung durch Einschaltung eines Gaszählers zu bewirken. Ferner wird man da, wo der zu ermittelnde Gasbestandtheil bei der Verbrennung nicht allein Kohlensäure, sondern auch noch andere auf das vorgelegte Barytwasser neutralisirend einwirkende Verbrennungsproducte liefert, auf deren Entfernung, also z. B. bei der Bestimmung kleiner Mengen Schwefelkohlenstoffdampf auf die Einschaltung einer erhitzten Schicht von chromsaurem Blei zwischen Kupferoxyd und Barytwasser bedacht sein müssen. Gilt es endlich die Bestimmung gasförmiger Beimengungen, die nicht als einheitliche chemische Verbindungen, sondern als ein Gemenge mehrerer Verbindungen aufzufassen sind, die sämmtlich Kohlensäure als Verbrennungsproduct liefern, aus deren Betrage sie ihrer Gesammtheit nach ermittelt werden sollen, so muss man, um die für die Rechnung erforderliche Unterlage zu gewinnen, von der durchschnittlichen Zusammensetzung eines derartigen Gemenges ausgehen. Angenommen, es handele sich um die Bestimmung jener untergeordneten Mengen Leuchtgas, wie sie in der Luft von mit Gasleitung versehenen Räumen aufzutreten pflegen, so würde man zu berücksichtigen haben, dass 100 Vol. Leuchtgas im Durchschnitt an brennbaren Kohlenstoffverbindungen enthalten:

4 Vol. Aethylen, bei der Verbrennung liefernd 8 Vol. Kohlensäure				
1 » Benzoldampf, bei der »	»	6	»	»
8 » Kohlenoxyd, » » »	»	8	»	»
35 » Methan, » » »	»	35	»	»
48 Vol.		57 Vol.		

Somit würde je 1 ccm gefundener Kohlensäure 1,75 ccm Leuchtgas entsprechen.

[1] Verhandlungen des Centralcomités der österreichischen Commission zur Ermittelung der zweckmässigsten Sicherheitsmaassregeln gegen die Explosion schlagender Wetter in Bergwerken. Wien 1888 bis 1891, Heft 2, S. 94.

ANHANG.

1. Atomgewichte der Elemente.

Nach Lothar Meyer, Theoretische Chemie, Leipzig 1890.

Name des Elements.	Symbol.	Atomgewicht.	Name des Elements.	Symbol.	Atomgewicht.
Aluminium . . .	Al	27,04	Niobium	Nb	93,70
Antimon	Sb	119,60	Osmium	Os	191,00
Arsen	As	74,90	Palladium	Pd	106,35
Barium	Ba	136,90	Phosphor	P	30,96
Beryllium	Be	9,08	Platin	Pt	194,30
Blei	Pb	206,40	Quecksilber . . .	Hg	199,80
Bor	B	10,90	Rhodium	Rh	102,70
Brom	Br	79,75	Rubidium	Rb	85,20
Cadmium	Cd	111,70	Ruthenium . . .	Ru	101,40
Caesium	Cs	132,70	Sauerstoff	O	15,96
Calcium	Ca	39,91	Scandium	Sc	43,97
Cerium	Ce	139,90	Schwefel	S	31,98
Chlor	Cl	35,37	Selen	Se	78,87
Chrom	Cr	52,45	Silber	Ag	107,66
Eisen	Fe	55,88	Silicium	Si	28,30
Fluor	F	19,06	Stickstoff	N	14,01
Gallium	Ga	69,90	Strontium	Sr	87,30
Germanium . . .	Ge	72,30	Tantal	Ta	182,00
Gold	Au	196,70	Tellur	Te	125,00
Indium	In	113,60	Thallium	Tl	203,70
Iridium	Ir	192,30	Thorium	Th	232,00
Jod	J	126,54	Titan	Ti	48,00
Kalium	K	39,03	Uran	U	239,00
Kobalt	Co	58,60	Vanadin	V	51,10
Kohlenstoff . . .	C	11,97	Wasserstoff . . .	H	1,00
Kupfer	Cu	63,18	Wismuth	Bi	207,30
Lanthan	La	138,00	Wolfram	W	183,60
Lithium	Li	7,01	Ytterbium	Yb	172,60
Magnesium . . .	Mg	24,30	Yttrium	Y	88,90
Mangan	Mn	54,80	Zink	Zn	65,10
Molybdän	Mo	95,90	Zinn	Sn	118,80
Natrium	Na	23,00	Zirkonium	Zr	90,40
Nickel	Ni	58,60			

2. Volumengewichte und Litergewichte der Gase,

berechnet für die geographische Breite von Berlin.

Name des Gases.	Molekular-formel.	Volumen-gewicht. 1 Vol. $H = 1$.	1 l Gas wiegt im Normal-zustande Gramm:
Acetylen	C_2H_2	12,978	1,162 19
Aethan	C_2H_6	14,978	1,341 36
Aethylen	C_2H_4	13,973	1,251 78
Allylen	C_3H_4	19,960	1,788 11
Ammoniak	NH_3	8,506	0,761 99
Antimonwasserstoff	SbH_3	61,300	5,491 37
Arsenwasserstoff	AsH_3	38,959	3,490 03
Benzol	C_6H_6	38,910	3,485 63
Brom	Br_2	79,769	7,145 88
Bromwasserstoff	HBr	40,384	3,617 73
Butan	C_4H_{10}	28,947	2,593 14
Butylen	C_4H_8	27,927	2,503 55
Chlor	Cl_2	35,376	3,169 06
Chlorkohlenoxyd	$COCl_2$	49,344	4,420 39
Chlorwasserstoff	HCl	18,188	1,629 32
Cyan	C_2N_2	25,965	2,327 84
Cyanwasserstoff	HCN	13,490	1,208 43
Fluorwasserstoff	HF	9,992	0,895 11
Jodwasserstoff	HJ	63,779	5,713 51
Kohlenoxyd	CO	13,968	1,251 33
Kohlenoxysulfid	COS	29,968	2,684 64
Kohlensäure	CO_2	21,950	1,966 33
Luft, atmosphärische	—	14,444	1,293 91
Methan	CH_4	7,987	0,715 49
Phosphorwasserstoff	PH_3	16,979	1,521 02
Propan	C_3H_8	26,960	1,967 27
Propylen	C_3H_6	20,960	1,877 69
Salpetrige Säure	N_2O_3	37,950	3,399 64
Sauerstoff	O_2	15,963	1,430 03
Schwefelkohlenstoff	CS_2	37,965	3,400 98
Schwefelwasserstoff	H_2S	16,990	1,521 96
Schweflige Säure	SO_2	31,963	2,863 36
Selenwasserstoff	H_2Se	40,398	3,618 99
Siliciumfluorid	SiF_4	52,270	4,682 45
Stickstoff	N_2	14,012	1,255 23
Stickstoffdioxyd	NO_2	22,969	2,057 61
Stickstoffoxyd	NO	14,987	1,342 61
Stickstoffoxydul	N_2O	21,993	1,970 23
Tellurwasserstoff	H_2Te	64,980	5,821 05
Wasserdampf	H_2O	8,981	0,804 58
Wasserstoff	H_2	1,000	0,089 58

3. Löslichkeit von Gasen im Wasser.

1 Vol. Wasser von 20° absorbirt Volumina Gas, reducirt auf 0° t und 760^{mm} B:

Aethylen	0,14880
Ammoniak	654,00000
Chlor	2,15650
Chlorwasserstoff	442,51590
Kohlenoxyd	0,02312
Kohlensäure	0,90140
Luft, atmosphärische	0,01704
Methan	0,03498
Sauerstoff	0,02838
Schwefelwasserstoff	2,90530
Schweflige Säure	39,37400
Stickstoff	0,01403
Stickstoffoxyd	0,05000
Stickstoffoxydul	0,67000
Wasserstoff	0,01930

4. Titerflüssigkeiten für die technische Gasanalyse.

1 Vol. Gas bei 760 mm B, 0° t, trocken.	=	1 Vol. Normallösung, enthaltend im Liter:	
Ammoniak	NH_3	2,1910 g Schwefelsäure	H_2SO_4
»	»	2,5082 » Kaliumhydroxyd	KOH
Chlor	Cl	4,4280 » arsenige Säure in saurem kohlensauren Natrium	As_2O_3
»	»	11,3376 » Jod in Jodkalium	J
Chlorwasserstoff	HCl	4,8229 » Silber in Salpetersäure	Ag
»	»	3,4033 » sulfocyansaures Ammonium	NH_4CNS
»	»	2,5082 » Kaliumhydroxyd	KOH
Kohlenoxyd	CO	14,0900 » Bariumhydroxyd, krystallisirt	$Ba(OH)_2 + 8\,H_2O$
»	»	5,6315 » Oxalsäure, krystallisirt	$H_2C_2O_4 + 2\,H_2O$
Kohlensäure	CO_2	14,0900 » Bariumhydroxyd, krystallisirt	$Ba(OH)_2 + 8\,H_2O$
»	»	5,6315 » Oxalsäure, krystallisirt	$H_2C_2O_4 + 2\,H_2O$
Methan	CH_4	14,0900 » Bariumhydroxyd, krystallisirt	$Ba(OH)_2 + 8\,H_2O$
»	»	5,6315 » Oxalsäure, krystallisirt	$H_2C_2O_4 + 2\,H_2O$
Salpetrige Säure	N_2O_3	5,6348 » übermangansaures Kalium	$KMnO_4$
Schweflige Säure	SO_2	5,0178 » Kaliumhydroxyd	KOH
» »		11,3376 » Jod in Jodkalium	J
Stickoxyd	NO	4,2380 » übermangansaures Kalium	$KMnO_4$

5. Volumenveränderung bei der Verbrennung von Gasen in Sauerstoff.

Name des Gases	Molekularformel	Bei der Verbrennung				Gasvolumen			Contraction			
		erfordern		geben								
		brennbares Gas.	Sauerstoff.	Wasserdampf, sich condensirend.	Kohlensäure.	vor der Verbrennung.	nach der Verbrennung.	nach der Verbrennung und Absorption der Kohlensäure.	nach der Verbrennung.	brennbares Gas = Contraction mal.	nach der Verbrennung und Absorption der Kohlensäure.	brennbares Gas = Contraction mal.
		Vol.	Vol.	Vol.	Vol.	Vol.	Vol.	Vol.	Vol.		Vol.	
Acetylen	C_2H_2	2	5	2	4	7	4	0	3	$^2/_3$	7	$^2/_7$
Aethan	C_2H_6	2	7	6	4	9	4	0	5	$^2/_5$	9	$^2/_9$
Aethylen	C_2H_4	2	6	4	4	8	4	0	4	$^1/_2$	8	$^1/_4$
Benzol	C_6H_6	2	15	6	12	17	12	0	5	$^2/_5$	17	$^2/_{17}$
Butylen	C_4H_8	2	12	8	8	14	8	0	6	$^1/_3$	14	$^1/_7$
Kohlenoxyd	CO	2	1	—	2	3	2	0	1	2	3	$^1/_3$
Methan	CH_4	2	4	4	2	6	2	0	4	$^1/_2$	6	$^1/_3$
Propan	C_3H_8	2	10	8	6	12	6	0	6	$^1/_3$	12	$^1/_6$
Propylen	C_3H_6	2	9	6	6	11	6	0	5	$^2/_5$	11	$^2/_{11}$
Wasserstoff	H_2	2	1	2	—	3	0	—	3	$^2/_3$	—	—

6. Verbrennungswärme fester, flüssiger und gasförmiger Stoffe

für 1 kg Substanz, ausgedrückt in Calorien, deren eine 1 kg Wasser von 0° auf 1° erwärmt.

1 kg Substanz	Verbrennend zu		Entwickelt Wärme C.	Beobachter.
Acetylen, $C_2 H_2$	Kohlensäure und flüssigem Wasser	$2 CO_2 + H_2 O$	11945,0	Thomsen.
»	» » Wasserdampf	» »	11529,6	»
Aethan, $C_2 H_6$	Kohlensäure und flüssigem Wasser	$2 CO_2 + 3 H_2 O$	12444,4	»
»	» » Wasserdampf	» »	11364,3	»
Aethylen, $C_2 H_4$	Kohlensäure und flüssigem Wasser	$2 CO_2 + 2 H_2 O$	11957,1	»
»	» » Wasserdampf	» »	11185,9	»
Arsen	Arseniger Säure	$As_2 O_3$	1030,5	»
Benzol, $C_6 H_6$	Kohlensäure und flüssigem Wasser	$6 CO_2 + 3 H_2 O$	10330,7	»
»	» » Wasserdampf	» »	9915,3	»
Blei	Bleioxyd	PbO	243,0	Favre und Silbermann.
Eisen	Eisenoxydul	FeO	1352,6	» » »
»	Eisenoxyduloxyd	$Fe_3 O_4$	1582,0	» » »
»	Eisenoxyd	$Fe_2 O_3$	2028,0	» » »
Kalium	Kaliumoxyd	$K_2 O$	1745,0	Woods.
Kohle, Holzkohle	Kohlenoxyd	CO	2473,0	Favre und Silbermann.
»	Kohlensäure	CO_2	8080,0	» » »
» Zuckerkohle	»	»	8039,8	» » »
» Gasretortenkohle	»	»	8047,3	» » »
» Hohofengraphit	»	»	7762,3	» » »
» natürlicher Graphit	»	»	7796,6	» » »
» Diamant	»	»	7770,1	Thomsen.
Kohlenoxyd	Kohlensäure	CO_2	2441,7	»
Kupfer	Kupferoxydul	$Cu_2 O$	321,3	

			Wärme (Joule)	Beobachter
Kupfer	Kupferoxyd	CuO	593,6	Joule.
Magnesium	Magnesiumoxyd	MgO	6077,5	Thomsen.
Mangan	Manganoxydul	MnO	1724,0	—
»	Mangandioxyd	MnO_2	2113,0	—
Methan, CH_4	Kohlensäure und flüssigem Wasser.	$CO_2 + 2H_2O$	13345,6	Thomsen.
»	» » Wasserdampf	»	11995,6	»
Phosphor	Phosphorsäure	P_2O_5	5964,5	»
Propan, C_3H_8	Kohlensäure und flüssigem Wasser	$3CO_2 + 4H_2O$	12125,0	»
»	» » Wasserdampf	»	11136,3	»
Propylen, C_3H_6	Kohlensäure und flüssigem Wasser.	$3CO_2 + 3H_2O$	11790,4	»
»	» » Wasserdampf	»	11019,0	»
Quecksilber	Quecksilberoxydul	Hg_2O	105,5	»
»	Quecksilberoxyd	HgO	153,3	=
Schwefel, rhomb.	Schweflige Säure	SO_2	2221,3	»
» monoklin.	Schweflige Säure	»	2241,4	Favre und Silbermann.
Schwefelkohlenstoff	Schwefliger Säure und Kohlensäure	$2SO_2 + CO_2$	3400,0	»
Schwefelwasserstoff	Schwefliger Säure und flüss. Wasser	$SO_2 + H_2O$	2741,0	»
»	» » » Wasserdampf	»	2457,0	Thomsen.
Silber	Silberoxyd	Ag_2O	27,3	—
Silicium	Kieselsäure	SiO_2	7830,0	Thomsen.
Stickstoff	Stickstoffoxydul	N_2O	− 654,3	»
»	Stickstoffoxyd	NO	− 1541,1	»
»	Stickstoffdioxyd	NO_2	− 143,2	»
Stickstoffoxyd	Stickstoffoxyl	NO	652,3	»
Stickstoffoxydul			564,3	»
Wasserstoff	Flüssigem Wasser	H_2O	34180,0	»
»	Wasserdampf	»	28780,0	»
Wismuth	Wismuthoxyd	Bi_2O_3	95,5	Woods.
Zink	Zinkoxyd	ZnO	1314,3	Thomsen.
Zinn	Zinnoxydul	SnO	573,6	Andrews.
»	Zinnoxyd	SnO_2	1147,0	—

7. Tabelle zur Reduction der Gasvolumina auf den Normalzustand.

Nach Professor Dr. **Leo Liebermann** in Budapest.

(Mit Genehmigung des Herrn Verfassers zum Abdruck gebracht.)

Anleitung zum Gebrauch der Tabelle.

Das Volumen eines Gases sei bei 742 mm Barometerstand 18° Temperatur und in mit Feuchtigkeit gesättigtem Zustande zu 26,2 ccm gefunden worden. Um dasselbe auf den Normalzustand (S. 26) zu reduciren, verfährt man, wie folgt:

1) Man sucht den Temperaturgrad 18 (Columne 1 und 4) auf und bringt die für denselben verzeichnete Tension des Wasserdampfes (Werth f, S. 27) = 15,3 mm von dem beobachteten Barometerstande = 742,0 mm in Abzug:

$$742,0 - 15,3 = 726,7 \text{ mm.}$$

2) Man ermittelt hierauf zunächst das Volumen, welches 1 Vol. des Gases beim Druck von 726,7 mm haben würde, indem man der Reihe nach die Zahlen 7, 2, 6, 7 in Columne 2 aufsucht und die mit denselben in die gleiche Horizontalreihe fallenden, in Columne 3 verzeichneten Zahlenwerthe unter gleichzeitiger Multiplication mit 100, beziehungsweise 10, 1, 0,1 untereinandersetzt, worauf man ihre Addition vornimmt. Also:

```
7    0,0086408 · 100   = 0,86408
2    0,0024688 ·  10   = 0,024688
6    0,0074064 ·   1   = 0,0074064
7    0,0086408 ·  0,1  = 0,00086408
                         0,89703848.
```

3) Das corrigirte Volumen eines Cubikcentimeters multiplicirt man endlich mit der Anzahl der ursprünglich gefundenen Cubikcentimeter des Gases, also im vorliegenden Falle mit 26,2:

$$0,89703848 \cdot 26,2 = \mathbf{23,502} \text{ ccm.}$$

Temperatur ° C.	Druck in mm Quecksilber.	Volumen bei 0° t und 760^{mm} Quecksilberdruck.	Tension des Wasser-dampfes in mm Quecksilberdruck für Grade Celsius. f
0	1	0,0013157	
0	2	0,0026315	
0	3	0,0039473	
0	4	0,0052631	
0	5	0,0065789	0° = 4,5
0	6	0,0078946	
0	7	0,0092104	
0	8	0,0105262	
0	9	0,0118420	
1	1	0,0013109	
1	2	0,0026219	
1	3	0,0039328	
1	4	0,0052438	
1	5	0,0065548	1° = 4,9
1	6	0,0078657	
1	7	0,0091767	
1	8	0,0104876	
1	9	0,0117986	
2	1	0,0013061	
2	2	0,0026123	
2	3	0,0039184	
2	4	0,0052246	
2	5	0,0065307	2° = 5,2
2	6	0,0078369	
2	7	0,0091430	
2	8	0,0104492	
2	9	0,0117553	
3	1	0,0013013	
3	2	0,0026026	
3	3	0,0039039	
3	4	0,0052053	
3	5	0,0065066	3° = 5,6
3	6	0,0078079	
3	7	0,0091093	
3	8	0,0104106	
3	9	0,0117119	

Temperatur ° C.	Druck in mm Quecksilber.	Volumen bei 0° t und 760^{mm} Quecksilberdruck.	Tension des Wasserdampfes in mm Quecksilberdruck für Grade Celsius. f
4	1	0,0012965	
4	2	0,0025930	
4	3	0,0038895	
4	4	0,0051860	
4	5	0,0064825	4° = 6,0
4	6	0,0077790	
4	7	0,0090755	
4	8	0,0103720	
4	9	0,0116685	
5	1	0,0012916	
5	2	0,0025833	
5	3	0,0038750	
5	4	0,0051667	
5	5	0,0064584	5° = 6,5
5	6	0,0077501	
5	7	0,0090418	
5	8	0,0103335	
5	9	0,0116252	
6	1	0,0012868	
6	2	0,0025737	
6	3	0,0038606	
6	4	0,0051474	
6	5	0,0064343	6° = 6,9
6	6	0,0077212	
6	7	0,0090080	
6	8	0,0102949	
6	9	0,0115818	
7	1	0,0012828	
7	2	0,0025656	
7	3	0,0038484	
7	4	0,0051312	7° = 7,4
7	5	0,0064140	
7	6	0,0076968	
7	7	0,0089796	
7	8	0,0102624	
7	9	0,0115452	

Temperatur ° C.	Druck in mm Quecksilber.	Volumen bei 0° t und 760 mm Quecksilberdruck.	Tension des Wasser-dampfes in mm Quecksilberdruck für Grade Celsius. f
8	1	0,0012783	
8	2	0,0025566	
8	3	0,0038349	
8	4	0,0051132	
8	5	0,0063915	8° = 8,0
8	6	0,0076698	
8	7	0,0089481	
8	8	0,0102264	
8	9	0,0115047	
9	1	0,0012737	
9	2	0,0025474	
9	3	0,0038211	
9	4	0,0050948	
9	5	0,0063685	9° = 8,5
9	6	0,0076422	
9	7	0,0089159	
9	8	0,0101896	
9	9	0,0114633	
10	1	0,0012692	
10	2	0,0025384	
10	3	0,0038076	
10	4	0,0050768	
10	5	0,0063460	10° = 9,1
10	6	0,0076152	
10	7	0,0088844	
10	8	0,0101536	
10	9	0,0114228	
11	1	0,0012648	
11	2	0,0025296	
11	3	0,0037944	
11	4	0,0050592	
11	5	0,0063240	11° = 9,7
11	6	0,0075888	
11	7	0,0088536	
11	8	0,0101184	
11	9	0,0113832	

Temperatur ° C.	Druck in mm Quecksilber.	Volumen bei 0° t und 760 mm Quecksilberdruck.	Tension des Wasserdampfes in mm Quecksilberdruck für Grade Celsius. f
12	1	0,0012603	
12	2	0,0025206	
12	3	0,0037809	
12	4	0,0050412	
12	5	0,0063015	12° = 10,4
12	6	0,0075618	
12	7	0,0088221	
12	8	0,0100824	
12	9	0,0113427	
13	1	0,0012559	
13	2	0,0025118	
13	3	0,0037677	
13	4	0,0050236	
13	5	0,0062795	13° = 11,1
13	6	0,0075354	
13	7	0,0087913	
13	8	0,0100472	
13	9	0,0113031	
14	1	0,0012516	
14	2	0,0025032	
14	3	0,0037548	
14	4	0,0050064	
14	5	0,0062580	14° = 11,9
14	6	0,0075096	
14	7	0,0087612	
14	8	0,0100128	
14	9	0,0112644	
15	1	0,0012472	
15	2	0,0024944	
15	3	0,0037416	
15	4	0,0049888	
15	5	0,0062360	15° = 12,7
15	6	0,0074832	
15	7	0,0087304	
15	8	0,0099776	
15	9	0,0112248	

Temperatur °C.	Druck in mm Quecksilber.	Volumen bei 0° t und 760^{mm} Quecksilberdruck.	Tension des Wasser- dampfes in mm Quecksilberdruck für Grade Celsius. f
16	1	0,0012429	
16	2	0,0024858	
16	3	0,0037287	
16	4	0,0049716	
16	5	0,0062145	16° = 13,5
16	6	0,0074574	
16	7	0,0087003	
16	8	0,0099432	
16	9	0,0111861	
17	1	0,0012386	
17	2	0,0024772	
17	3	0,0037158	
17	4	0,0049544	
17	5	0,0061930	17° = 14,4
17	6	0,0074316	
17	7	0,0086702	
17	8	0,0099088	
17	9	0,0111474	
18	1	0,0012344	
18	2	0,0024688	
18	3	0,0037032	
18	4	0,0049376	
18	5	0,0061720	18° = 15,3
18	6	0,0074064	
18	7	0,0086408	
18	8	0,0098752	
18	9	0,0111096	
19	1	0,0012301	
19	2	0,0024602	
19	3	0,0036903	
19	4	0,0049204	
19	5	0,0061505	19° = 16,3
19	6	0,0073806	
19	7	0,0086107	
19	8	0,0098408	
19	9	0,0110709	

Temperatur ° C.	Druck in mm Quecksilber.	Volumen bei 0° t und 760 mm Quecksilberdruck.	Tension des Wasser- dampfes in mm Quecksilberdruck für Grade Celsius. f
20	1	0,0012259	
20	2	0,0024518	
20	3	0,0036777	
20	4	0,0049036	
20	5	0,0061295	20° = 17,4
20	6	0,0073554	
20	7	0,0085813	
20	8	0,0098122	
20	9	0,0110331	
21	1	0,0012218	
21	2	0,0024436	
21	3	0,0036654	
21	4	0,0048872	
21	5	0,0061090	21° = 18,5
21	6	0,0073308	
21	7	0,0085526	
21	8	0,0097744	
21	9	0,0109962	
22	1	0,0012176	
22	2	0,0024352	
22	3	0,0036528	
22	4	0,0048704	
22	5	0,0060880	22° = 19,6
22	6	0,0073056	
22	7	0,0085232	
22	8	0,0097408	
22	9	0,0109584	
23	1	0,0012135	
23	2	0,0024270	
23	3	0,0036405	
23	4	0,0048540	
23	5	0,0060675	23° = 20,9
23	6	0,0072810	
23	7	0,0084945	
23	8	0,0097080	
23	9	0,0109215	

Temperatur ° C.	Druck in mm Quecksilber.	Volumen bei 0° t und 760 mm Quecksilberdruck.	Tension des Wasserdampfes in mm Quecksilberdruck für Grade Celsius. f
24	1	0,0012094	
24	2	0,0024188	
24	3	0,0036282	
24	4	0,0048376	
24	5	0,0060470	24° = 22,2
24	6	0,0072564	
24	7	0,0084658	
24	8	0,0096752	
24	9	0,0108846	
25	1	0,0012054	
25	2	0,0024108	
25	3	0,0036162	
25	4	0,0048216	
25	5	0,0060270	25° = 23,5
25	6	0,0072324	
25	7	0,0084378	
25	8	0,0096432	
25	9	0,0108486	
26	1	0,0012013	
26	2	0,0024026	
26	3	0,0036039	
26	4	0,0048052	
26	5	0,0060065	26° = 25,0
26	6	0,0072078	
26	7	0,0084091	
26	8	0,0096104	
26	9	0,0108117	
27	1	0,0011973	
27	2	0,0023946	
27	3	0,0035919	
27	4	0,0047892	
27	5	0,0059865	27° = 26,5
27	6	0,0071838	
27	7	0,0083811	
27	8	0,0095784	
27	9	0,0107757	

Temperatur ° C.	Druck in mm Quecksilber.	Volumen bei 0° t und 760 mm Quecksilberdruck.	Tension des Wasserdampfes in mm Queoksilberdruck für Grade Celsius. f
28	1	0,0011933	
28	2	0,0023866	
28	3	0,0035799	
28	4	0,0047732	
28	5	0,0059665	28° = 28,1
28	6	0,0071598	
28	7	0,0083531	
28	8	0,0095464	
28	9	0,0107397	
29	1	0,0011894	
29	2	0,0023788	
29	3	0,0035682	
29	4	0,0047576	
29	5	0,0059470	29° = 29,8
29	6	0,0071364	
29	7	0,0083258	
29	8	0,0095152	
29	9	0,0107046	
30	1	0,0011855	
30	2	0,0023710	
30	3	0,0035565	
30	4	0,0047420	
30	5	0,0059275	30° = 31,6
30	6	0,0071130	
30	7	0,0082985	
30	8	0,0094840	
30	9	0,0106695	

Register.

Ablesung 34.

Ablesungsfehler 34.

Absorption 2. 4. 67.

Absorptionsflasche von bekanntem Inhalt 49. 106.

Absorptionsgefässe n. Volhard 122.

Absorptionsmittel 67.

— für Kohlenoxyd 77.

— — Kohlensäure 68.

— — Sauerstoff 70.

— — schwere Kohlenwasserstoffe 68.

Absorptionspipette nach Hempel, einfache 98.

— für feste u. flüssig. Reagentien 99. zusammengesetzte 100.

— für feste und flüssige Reagentien 101.

Absorptionsschlange n. Winkler 121.

Absperren der Gase 3. 33.

Acetylen, Bestimmung durch Verbrennung 148.

— — gewichtsanalytische 128.

Aethan 157.

Aethylen, Bestimmung durch Verbrennung 148.

— — gasvolumetrische 105.

Ammoniak, Bestimmung, gasvolumetrische 104.

— — titrimetrische 124.

Ammoniaksodafabrikation, Gase von der 83. 124.

Analyse, gasometrische 1.

— gasvolumetrische 1.

Aneroïdbarometer 28.

Apparat, minimetrischer 116.

Apparat zur Bestimmung der Ausströmungsgeschwindigkeit der Gase nach Schilling 53.

— zur Bestimmung der Kohlensäure in armen Gasgemengen 92.

— — — des Sauerstoffs nach Lindemann 93.

— — — einzelner in minimaler Menge auftretender Gase 120.

— — Gasuntersuchung n. Bunte 84.

— — — nach Hesse 106.

— — — — Honigmann 82.

— — — — Lunge 116.

— — — — Orsat 89.

— — — — Reich 111.

— — — — Winkler 79.

— — Gasverbrennung durch Explosion 135.

— — — mit Luft u. Kupferoxyd 169.

— — — — — Palladiumasbest 145.

— — Reduction d. Gasvolumina 29. 41.

Apparate mit gesonderter Mess- und Absorptionsvorrichtung 88.

— — vereinigter Mess- und Absorptionsvorrichtung 79.

— zur Ausführung gasanalytischer Untersuchungen 63.

— — Gasanalyse nach Hempel 95.

— — Gasverbrennung mit Luft und Platin 152. 154. 159. 163.

— — Untersuchung methanhaltiger Grubenwetter n. Winkler 159. 170.

Arbeitslocal 59.

Arbeitstisch 61.

Aspiratoren 12.

13*

Athmungsluft, Untersuchung 93. 94. 108. 119.
Atomgewichte 179.
Aufbewahrungsgefässe f. Gasproben 22.
— — Sperrwasser 60.
Ausstattung des Arbeitslocals 59.
Ausströmungsgeschwindigkeit d. Gase 53.
Auswaschen mit Luft 173.
Ausziehstrom 173.
Azotometer 39.

Barometer 28.
Barometerstand, normaler 25.
Beimengungen, feste und flüssige, Bestimmung 63.
Benzol, Bestimmung durch Verbrennung 148.
— — gasvolumetrische 105.
Beschlag für Verbrennungsröhren 171.
Bessemerprocess, Gase vom, Untersuchung 94.
Bestimmung der Ausströmungsgeschwindigkeit der Gase 53.
— — Gase,
directe gasvolumetrische 2. 32. 67.
durch Verbrennung 2. 131.
gewichtsanalytische 4. 52. 128.
minimetrische 116.
titrimetrische 3. 49. 106.
— der Temperatur 28.
— des atmosphärischen Drucks 28.
— — specifisch. Gewichts d. Gase 52.
— fester u. flüssig. Beimengungen 63.
Bläsergas, Untersuchung 156. 166.
Bleikammergase,
Bestimmung der salpetrigen Säure 116. 125.
— des Sauerstoffs 94.
— — Stickoxyds 126.
Brandwetter, Untersuchung 151.
Brenngas, natürliches, Untersuchung 156. 166.
Brunnenluft, Untersuchung 93.
Butylen, Bestimmung 66. 105.

Canalgase der Sulfatöfen, Untersuchung 120. 127.

Cannelgas, Untersuchung 141. 149. 156. 166.
Capillarrohr zu Verbindungen 101.
— zur Gasverbrennung 146. 163.
Carburometer 153.
Chlor, Bestimmung, gasvolumetrische 104.
— — neben Chlorwasserstoff 110. 127.
— — titrimetrische 110. 120. 127.
Chlorwasserstoff, Bestimmung, gasvolumetrische 104.
— — neben Chlor 110. 127.
— — titrimetrische 110. 127.
Chromchlorür als Absorptionsmittel 70.
Correctionen 25.
Correctionsapparat 29.
Cyanwasserstoff, Bestimmung 110.

Dampfstrahl-Aspirator 13.
Deacon's Process, Gase von, Untersuchung 110.
Densimetrische Methode d. Gasanalyse 56.
Dissociation 11.
Doppelaspirator nach Muencke 18.
Dreiweghahn nach Greiner und Friedrichs 36.
— — Winkler 35.
Druck, atmosphär., Bestimmung 28.
— Einfluss auf das Volumen d. Gase 25.
Durchschnittsprobe 6.
Dynamitgase 66.

Einrichtung des Arbeitslocals 59.
Eisenoxydul, weinsaures, als Absorptionsmittel 76.
Eudiometrie 134.
Expansion der Gase 25.
Experimentirgaswasser 44.
Explosion, Verbrennung von Gasen durch 134.
Explosionspipette nach Hempel 135

Feuchtigkeit, Einfluss auf das Volumen der Gase 25.
Filtration der Gase 65.
Flammofengase, Untersuchung 92.
Flasche von bekanntem Inhalt 49.

Gasabsorption 2. 4. 67.
Gasanalyse, exacte 134.
— technische 3.
Gasbestimmung, directe, gasvolume-
  trische 2. 32. 67.
— durch Titrirung 3. 49. 106.
— — Verbrennung 2. 131.
— — Wägung 1. 52. 128.
Gasbürette nach B u n t e 84.
— — H e m p e l 95.
— — H o n i g m a n n 82.
— — W i n k l e r 79.
Gasbüretten, Reinigung der 34.
Gase, Absperren der 3. 33.
— Bestimmung durch Absorption 67.
— — durch Verbrennung 131.
— Litergewichte der 180.
— Löslichkeit der 181.
— Messen der 3. 25.
— Volumengewichte der 180.
— Volumenverminderung bei der Ver-
  brennung 131. 183.
Gasmesser 43.
Gasmessung 3. 25.
Gasometrie 1.
Gaspipette 98.
Gasprobe, verjüngte 13. 17.
Gasproben, Wegnahme der 5.
Gasuhr 43.
— Aichung 48
— hydraulische 43.
— mit arbiträrer Theilung 48.
— — selbstthätiger Absperrung 47.
— nasse 43.
— trockne 43.
Gasverbrennung 2. 4. 131.
— mit Luft und Kupferoxyd 169.
— — — — Palladium 144. 152.
— — — — Platin 152.
— — Sauerstoff 163.
Gasvolumeter nach L u n g e 41.
Gasvolumina, Reduction auf den Nor-
  malzustand 1. 24. 186.
— Umrechnung vom Normalzustand
  auf andere Druck- und Temperatur-
  verhältnisse 31.
Gaswage nach L u x 56.
Gaszähler 43.

Gay-Lussac-Thurm, Gase vom, Un-
  tersuchung 116.
Generatorgas, Untersuchung, 87. 104.
  105. 110. 141. 149. 156. 166.
Gesammtsäure in Röstgasen, Bestim-
  mung 66. 114.
Gesammtschwefelgehalt des Leucht-
  gases, Bestimmung 130.
Gewichtsbestimmung d. Gase 4. 52. 128.
Glasfabriken, Gase d., Untersuch. 127.
Glashahnbürette 106.
Glycerin als Sperrflüssigkeit 3. 33.
Gräberluft, Untersuchung 93. 94. 108.
  120.
Grisoumeter 152.
Grubenwetter, Bestimmung des Koh-
  lenoxyds 151.
— — — Methans 144. 154. 156. 159.
  161. 166. 173.
— — der Kohlensäure 93. 108. 119.
Grundluft, Untersuchung, 93. 94. 108.
  120.

Heberbarometer 28.
Heizgas, Untersuchung 149.
Heizung des Arbeitslocals 60.
Hohofengas, Untersuchung 82. 87.
  92. 104. 105. 110. 151.
Hüttenrauch, Bestimmung der schwef-
  ligen Säure 20. 127.

Kaliumhydroxyd als Absorptionsmit-
  tel 68.
Kalkofengase, Untersuchung 82. 84.
  87. 104. 105.
Kathetometer 28.
Kautschukbirne 117.
Kautschukpumpe 12.
— als Messapparat 51. 117.
Kautschukventil 117.
Kellerluft, Untersuchung 93. 108. 119.
Kohlenoxyd, Absorptionsmittel für 77.
— Bestimmung durch Verbrennung
  148. 151. 169.
— — gasvolumetrische 88. 92. 105.
— — titrimetrische 151.
Kohlenoxysulfid, Bestimmung 174.

Kohlensäure, Absorptionsmittel für 68.
— Bestimmung, gasvolumetrische 82.
84. 87. 92. 93. 104.
— — titrimetrische 108. 119.
Kohlenwasserstoffe, aromatische 68.
— leichtsiedende 66.
— schwere 68.
— — Absorptionsmittel für 68.
— Bestimmung durch Verbrennung
174.
Koksgeneratoren, Gase der, Untersuchung 150.
Koksofengase, Ammoniakbestimmung
124.
Kupfer und Ammoniak als Absorptionsmittel 75.
Kupferchlorür als Absorptionsmittel
77.
Kupferoxyd zur Gasverbrennung 169.

Leitung für Gasgemische 61.
— — Leuchtgas 61.
— — Luft 61.
— — Wasser 61.
Leuchtgas, Bestimmung des Acety-
lens 128.
— — — Ammoniaks 124.
— — — Gesammtschwefelgehalts
130.
— — — Schwefelkohlenstoffs 128.
— — — Schwefelwasserstoffs 110.
128.
— — — Theers 66.
— — in der Zimmerluft 174.
— Untersuchung 105. 141. 149. 156.
166.
Litergewichte der Gase 180.
Löslichkeit der Gase 181.
Luft, atmosphärische, Bestimmung
brennbarer Beimengungen
174.
— — — der Kohlensäure 108. 119.
— — — des Sauerstoffs 82. 87. 94.
104. 150.
— — Entfernung aus den Leitungs-
röhren 5.
— — zur Gasverbrennung 131.
Luftpumpe 14.

Manometer für Aspiratoren 20.
Mauerluft, Untersuchung 108. 120.
Meniskus 34.
Messen der Gase 3. 25.
Messgefässe 32.
Messung in Gasbüretten 32.
— — Gasuhren 43.
Methan, Bestimmung durch Explosion
137. 141. 144.
— — durch Verbrennung mit Luft
und Kupferoxyd 169.
— — — Verbrennung mit Luft und
Platin 152. 154. 159. 163.
— — — Verbrennung mit Sauerstoff
und Platin 163.
— — in schlagenden Wettern 144.
154. 156. 159. 161. 166. 173.
— — neben Wasserstoff 141. 145.
— Verbrennung 133.
Methoden zur Ausführung gasanaly-
tischer Untersuchungen 63.
Mischgas, Untersuchung 141. 149. 156.
166.

Naphtalin 65.
Naturgas, Untersuchung 156. 166.
Nitroglycerin, Bestimmung 67.
Nitrometer nach Lunge 35.
Niveauflasche 33.
Niveauröhre 33.
Normalbarometerstand 1. 26.
Normallösung 4. 49.
Normaltemperatur 1. 26.
Normalzustand der Gase 1. 26.

Occlusion 145.
Oel als Sperrflüssigkeit 3. 33.
Oelgas, Untersuchung 141. 149. 156.
166.
Olefine 68.

Palladium z. Gasverbrennung 145. 152.
Palladiumasbest 145.
Petroleum als Sperrflüssigkeit 33.
Phenolphtaleïn als Indicator 109.
Phenylsenföl 130.
Phosphor als Absorptionsmittel 70.
Platin zur Gasverbrennung 145. 152.

Platinasbest 128. 146.
Platincapillare z. Gasverbrennung 163.
Propan 157.
Propylen, Bestimmung 105.
Pyrogallussäure als Absorptionsmittel 73.

Quecksilber als Sperrflüssigkeit 3. 135.
— Bestimmung 66.

Rauch 65.
Rauchgase, Bestimmung der schwefligen Säure 110. 120. 127.
— — des Kohlenoxyds 151.
— — — Russgehaltes 65.
— Untersuchung 82. 87. 92. 104. 105.
Reduction der Gasvolumina 1. 26. 186.
Reductionsapparat 29. 41.
Reinigung der Gasbüretten 34.
Röstgase, Bestimmung der Gesammtsäure 92. 114.
— — — schwefligen Säure 110. 113. 120. 127.
— — des Chlorwasserstoffs 110. 127.
— Untersuchung 92. 110. 113.
Röstung, chlorirende, Gase von der, Untersuchung 110. 127.
Russ, Bestimmung 65.
Rücktitriren 49.

Salpetrige Säure, Bestimmung, gasvolumetrische 104. 126.
— — — titrimetrische 116. 125.
Salzlösung als Sperrflüssigkeit 3. 33.
Salzsäurecondensatoren, Gase der, Untersuchung 110.
Salzsäurefabriken, Luft der, Untersuchung 120.
Sammelgefässe für Gasproben 22.
Saturationsgase, Untersuchung 82. 84.
Sauerstoff, Absorptionsmittel für 70.
— Bestimmung durch Verbrennung 134.
— — gasvolumetrische 82. 87. 92. 93. 104.
Sauerstoff- Stickstoff-Verhältniss, Bestimmung 11. 94.

Sauerstoff zur Gasverbrennung 163.
Saugapparat, selbstthätiger n. Bonny 20.
Sauger 15.
Saugflasche 16.
Saugrohr 5.
Saug- und Druckpumpe aus Kautschuk 12.
Saugvorrichtungen 12.
Schlagwetter, Untersuchung 144. 154. 156. 159. 166.
Schlitzrohr 6.
Schornsteingase der Sulfatöfen, Untersuchung 120. 127.
Schwefelkohlenstoff, Bestimmung 66. 128. 174.
Schwefelsäure, Bestimmung in Röstgasen 66. 114.
— — neben schwefliger Säure 115.
— rauchende, als Absorptionsmittel 69.
Schwefelwasserstoff, Bestimmung, gasvolumetrische 104.
— — gewichtsanalytische 128.
— — titrimetrische 110.
Schweflige Säure, Bestimmung, gasvolumetrische 104.
— — — neben Schwefelsäure 115.
— — — titrimetrische 110. 113. 127.
Schwere Kohlenwasserstoffe, Absorptionsmittel für 68.
Spannkraft der Gase 25.
Specifisches Gewicht der Gase 180.
— — — — Bestimmung 52.
Sperrflüssigkeiten 3. 33.
Sperrwasser, Aufbewahrung 60.
Sprenggase 66.
Staub, Bestimmung 64.
Steinkohlengas, Untersuchung 141. 149. 156. 166.
Stickoxyd, Bestimmung, gasvolumetrische 104.
— — titrimetrische 126.
Stickoxydul, Bestimmung durch Verbrennung 168.
— — gasvolumetrische 104.
Stickstoff, Bestimmung, gasvolumetrische 87. 88. 92. 105. 106.

Sulfatofengase, Untersuchung 110. 120. 127.

Sumpfgas, Untersuchung 156. 166.

Temperatur, Bestimmung 28.
— Einfluss auf das Volumen der Gase 25.
— normale 1. 23.
Tension der Gase 25.
— — Flüssigkeiten 43.
Theer, Bestimmung 66.
Thermometer 29.
Titerflüssigkeiten für die Gasanalyse 182.
— normale 4. 49.
Titrimetrische Bestimmung der Gase 3. 49. 106.
Titrirung directe 51.
— indirecte 51.
Transportgefässe für Gasproben 22.

Ultramarinfabriken, Gase der, Untersuchung 110. 127.
Umrechnung der Gasvolumina 27.
Ureometer nach Lunge 39.

Verbindungscapillare 101.
Verbrennung, Bestimmung der Gase durch 2. 4. 131.
Verbrennung d. Gase, Allgemeines 131.
— — — durch Explosion 134.
— — — — Luft u. Kupferoxyd 169.
— — — — — Palladium 144. 152.
— — — — — Platin 152. 154. 159. 163.
— — — — Sauerstoff 163.
— — — fractionirte 145.
Verbrennungscapillare aus Glas 146.
— — Platin 163.
Verbrennungsgase kohlensäurearme, Untersuchung 93.

Verbrennungsmethoden 134.
Verbrennungsröhren, Beschlagen der 171.
Verbrennungswärme der Stoffe 184.
Verfahren, gasanalytisches 2.
Verpuffung, Bestimmung der Gase durch 134.
Volumen, corrigirtes 1.
— reducirtes 1.
— uncorrigirtes 1.
Volumengewichte der Gase 180.
Volumenveränderung bei der Verbrennung von Gasen 183.

Wasser als Sperrflüssigkeit 3. 33. 60.
— Bestimmung 66.
Wassergas, Untersuchung 140. 149.
Wasserluftpumpe 14.
Wassermantel 33. 97.
Wasserstoff, Bestimmung durch Explosion 137. 139. 140.
— — — Occlusion 145.
— — — Verbrennung mit Luft und Palladium 148. 149.
— — neben Methan 141. 145.
— — Verbrennung 132.
Wasserstoffpipette nach Hempel 138.
Wasserstrahlpumpe 15.
Wegnahme der Gasproben 5.
Weldon's Process, Gase von 94.
Wetter, schlagende, Untersuchung 144. 154. 156. 159. 166.
Wetterströme der Steinkohlengruben, Untersuchung 161. 173.

Zehnkugelröhre nach Lunge 122.
Zehntel-Normallösung 49.
Ziegeleien, Gase d., Untersuchung 127.
Zimmerluft, Untersuchung 108. 119.
Zusammenfliessen der Sperrflüssigkeiten 34.

Druck:
Customized Business Services GmbH
im Auftrag der KNV-Gruppe
Ferdinand-Jühlke-Str. 7
99095 Erfurt